The Maniacs Series

海上自衛隊「空母」
いずも&かが
マニアックス

～F-35B搭載の大改装全貌～

柿谷 哲也 著

●注意
(1) 本書は著者が独自に調査した結果を出版したものです。
(2) 本書は内容について万全を期して制作いたしましたが、万一、ご不審な点や誤り、記載漏れなどお
　　気付きの点がありましたら、出版元まで書面にてご連絡ください。
(3) 本書の内容に関して運用した結果の影響については、上記(2)項にかかわらず責任を負いかねます。
あらかじめご了承ください。
(4) 本書の全部または一部について、出版元から文書による承諾を受けずに複製することは禁じられて
います。
(5) 商標
　　本書に記載されている会社名、商品名などは一般に各社の商標または登録商標です。

はじめに

　筆者の職業は艦船や軍用機を専門とする写真記者。である前にエンスージアストであり、日本語風にいえば「マニア」である。マニアックス・シリーズは「マニアック」のための本であるため、「マニアック」である筆者が携われたのは光栄だ。この本は「マニアックス」のタイトルどおり、「マニアック」に向けた本であり、おおよそ軍事・安全保障の研究には向いていないであろうし、海上自衛隊のリクルーティングや広報に寄与しているかどうかも怪しい。編集部の意向に沿って、ただ、ただ、「マニアック」の視点で「マニアック」に向けた内容になっていると思う。その根拠を挙げるとすれば、本書に掲載されている私が撮影した写真のうち、初公開の写真は123枚、そのうち空撮を含む45枚はこの本のための撮り下ろしであり、この半年以内で撮影したものだ。また初公開の写真には防衛省ももっていない写真、撮影していない写真も含まれている。本書の価格を勘案すると十分に見合った価値があると自負する。「マニアック」以外に本書を購入するものは、中国の情報機関ぐらいだろう。

　冗談はさておき、本書が出版されるころには、護衛艦「いずも」は第2次改造の工事に入り、「かが」はF-35Bを載せる試験が行われているだろう。護衛艦の寿命が40年とすると、「いずも」型は、あと30年は現役にあることになる。読者が十数年後に押し入れから本書を見つけたとき、この本のなにに価値を見いだすか。それは、台形の艦首をした「いずも」「かが」の写真ではないだろうか。特に第1次改造後の空撮写真にあるのではないだろうか。おおげさでなく軍事情報であるとともに、「いずも」の歴史的価値がこめられている一冊であるといえるのだ。どうか本書をメルカリやブックオフに転売しないでほしい。これは筆者と版元の願いだ。

　筆者はマニア活動や取材活動中に中国国内で5度、第三国領海内で中国海軍に2度、第三国領土内で中国政府職員に1度、イラン国内でイラン革命防衛隊に3度の身柄拘束を受けたり、写真を削除された。いずれも、艦船や軍用機を撮影しているときのことだ。これらの国ではエンスージアストの趣向を理解することはないし、ましてや「マニア」「マニアック」という単語は理解しない。わが国において「マニア」と称されるエンスージアスト、スポッター、オタク、趣味人が、カメラを軍用機、軍艦、基地に向けても逮捕されず、また当マニアックス・シリーズを出版しても著者、編集者、経営者が逮捕されないことが、どれだけ幸せなことか、外国で幾度の拘束や、尋問、写真の強制削除を受けてきた筆者は、強く訴えたい。

　我々日本人は地球上約80億人のうち2%に満たない国に生まれた。資本主義社会であり、個人の自由が保障され、軍用機や軍艦、基地を撮影しても逮捕されることのない自由主義国に生まれ、生活している。この状態を維持できるのは思想を異にする他国からの侵略がないからであり、この状態を守っているのが、自衛隊であり、その最前線にあるのが、本書の主題である「いずも」型護衛艦である。何度もいうが本書は「マニアック」に向けた本である。ただ、正直にいうと、本書は「いずも」の0.01%も伝えていない。残りの防衛機密99.99%を知るには「いずも」の乗員になることである。著者としての願いは、本書を通じて少しでも日本の安全保障に目を向けてほしいし、欲をいえば、どうか身近な学生に、「いずも」の魅力を伝えてほしい。わが国で我々マニアックが永遠に存在するためにも。

2024年8月　柿谷　哲也

Contents

はじめに ………………………………………………………………………… 3

Gallery 海上自衛隊「空母」、「いずも」&「かが」　6

「かが」空母化完了 ……………………………………………………………… 6
第1次特別改造後の「いずも」 …………………………………………………… 18
「いずも」「かが」竣工から2021年改装前 ……………………………………… 30
「ひゅうが」型護衛艦 …………………………………………………………… 42
「おおすみ」型輸送艦 …………………………………………………………… 54
「いずも」型ナイト・オペレーション …………………………………………… 64

Section 0 「いずも」型に期待される役割　71

Ⅰ　日本と周辺国の海軍 …………………………………………………………… 72
Ⅱ　空母という艦種 ………………………………………………………………… 76
Ⅲ　F-35Bを搭載した「いずも」型にどんな期待があるのか ………………… 80
Ⅳ　空母化「かが」ディテール …………………………………………………… 84

Section Ⅰ 「いずも」型の概要　103

Ⅰ　「いずも」型ヘリコプター搭載護衛艦 ……………………………………… 104
Ⅱ　船体 ……………………………………………………………………………… 106
Ⅲ　機関 ……………………………………………………………………………… 108
Ⅳ　これ以上ない対潜戦プラットフォーム …………………………………… 110
Ⅴ　「いずも」のC4I ……………………………………………………………… 112
Ⅵ　「いずも」の航空管制 ………………………………………………………… 114
Ⅶ　洋上補給 ………………………………………………………………………… 116
Ⅷ　艦内生活 ………………………………………………………………………… 118
Ⅸ　「いずも」のフォース・プロテクション …………………………………… 126
Ⅹ　シップライダー・プログラム ……………………………………………… 128
Ⅺ　「いずも」の観艦式 …………………………………………………………… 130
Ⅻ　「いずも」の立入検査隊 ……………………………………………………… 134
XIII　「いずも」に乗艦する陸上自衛隊水力機動団 …………………………… 136
XIV　搭載車両 ……………………………………………………………………… 138

Section Ⅱ 「いずも」型の航空機運用　141

Ⅰ　日本にヘリコプター・キャリアが4隻も必要な理由 ……………………… 142

Ⅱ	敵の潜水艦は海軍兵器の頂点であるという認識	144
Ⅲ	敵の潜水艦を封じ込めるには上空からしかない	146
Ⅳ	HSによる対潜戦の確立	150
Ⅴ	航空集団の役割	152
Ⅵ	「いずも」に搭載される哨戒ヘリコプター	154
Ⅶ	HSによる対潜戦	164
Ⅷ	HSによる対水上戦、警戒監視	168
Ⅸ	アメリカの空母同様エアボスが指揮を執る発着艦管制	170
Ⅹ	SH-60J/Kの発着艦	172
Ⅺ	「いずも」型における着艦	178
Ⅻ	「いずも」型における航空機整備能力	181
ⅩⅢ	外国機の着艦・発艦	184

Section Ⅲ 「いずも」×統合運用 F-35B/MV-22　189

Ⅰ	「いずも」型の空母化	190
Ⅱ	「いずも」に搭載する航空自衛隊F-35B	190
Ⅲ	空母化のための艤装	199
Ⅳ	「いずも」にF-35Bは何機搭載できる？	202
Ⅴ	「いずも」×F-35Bの統合運用	205
Ⅵ	「いずも」からのF-35B対地攻撃支援	207
Ⅶ	「いずも」からのMV-22上陸支援作戦	208
Ⅷ	喫緊の任務は対領空侵犯措置	210
Ⅸ	統合「いずも」機動艦隊 VS 中国空母機動艦隊	212

Section Ⅳ 海上自衛隊の「空母」計画－「いずも」型誕生までの経緯　215

Ⅰ	保安庁警備隊時代からあった「空母計画」	216
Ⅱ	海上自衛隊の対潜空母構想	218
Ⅲ	ハリアー構想	222
Ⅳ	DDH概念の確立	225
Ⅴ	空母を守るイージス防空艦の登場	228
Ⅵ	全通甲板を採用した「おおすみ」型輸送艦	232
Ⅶ	強襲揚陸艦は空母なのか、ヘリ空母は空母なのか？	234

| 参考文献 | 244 |
| 索引 | 244 |

「かが」空母化完了

　2023年11月8日朝、護衛艦「かが」がJMU呉事業所における約1年半の空母化に向けた特別改造を経て初めて海上公試にでた。奈佐美瀬戸水道を速力10ノットで進む「かが」。上空から見るその姿は就役時とは大きく異なる空母然とした堂々とした艦容に変化していた。まさに護衛艦から空母へと進化したといえる。奇しくも1923年11月19日に日本海軍の戦艦加賀が空母化の改修を終え、空母加賀に艦種変更してちょうど100年であることもなにかの因縁を感じる。

　空母化の本質はF-35Bを載せて洋上のプラットフォームとして運用することにある。改装工事では、F-35Bを載せるために飛行甲板をはじめ、船体構造を大きく変えたため外観が大きく変化し、また発着艦に必要な通信システムや誘導装置も加わっている。上空から見る「かが」はまさに空母の姿である。

海上自衛隊「空母」、「いずも」&「かが」

2023年11月8日、JMU呉事業所を出港し、奈佐美瀬戸水道を瀬戸内に向かい、初めての海上公試に臨む。艦首形状が大きく変わり、直線的になっていることがわかる

海上自衛隊「空母」、「いずも」&「かが」

左舷艦尾から望む。艦首が大きく「オーバーハング」していることがわかる。艦首が重くなったために艦尾の外通路に沿ってバラストが増加している

右舷前方から望む。艦首形状の変更にともない、20mm機関砲CIWSを約5m右舷にずらしたほか、前部マストの位置も変更されている

海上自衛隊「空母」、「いずも」&「かが」

右舷艦尾から望む。着艦機の排煙の影響などを考慮し、左舷後方のSeaRAMの位置も変更された

正面から見る「かが」。スキージャンプ勾配は重量のバラストにかかわる大きな設計変更が必要になるため、最小限で改造できるアメリカの強襲揚陸艦のようなデザインを選んだことは適しているといえる

海上自衛隊「空母」、「いずも」&「かが」

F-35Bがストレート・イン・アプローチで高度を降ろす、高度350フィートから見る艦尾

上部構造物は航空管制室付近に大きな変更があった。管制室の窓の大型化、甲板状況灯、光学式着艦装置などが目につく

JS Izumo & Kaga

真俯瞰で見る全景。艦首形状の変更はあるが、全長、全幅の変更はない

海上自衛隊「空母」、「いずも」&「かが」

左舷正横から見る護衛艦「かが」はまさに空母の外観

2023年12月4日に撮影された呉基地に停泊する「かが」

第1次特別改造後の「いずも」

2020年から2021年にかけて護衛艦「いずも」の第1次特別改造工事がJMU横浜事業所で行われた。写真は工事完了後、2022年のリムパック多国間演習に参加した「いずも」をパールハーバー沖で撮影したものである。飛行甲板に描かれたトラム・ラインはF-35Bのパイロットがデッキ・ランチ（飛行甲板からの短距離発艦）する際、あるいはストレート・イン・アプローチ方式で着艦する際の機首軸線の目安となる滑走線である。発艦時にパイロットが機首上げとエンジンノズルの下向きの目安とするショート・テイクオフ・ローテーション・ライン、軸線の修正の限界を示すノズル・ローテーション・ラインが描かれている。「いずも」は2024年11月からふたたびJMU横浜事業所に入渠し、第2次特別改造を行う。

海上自衛隊「空母」、「いずも」&「かが」

将来、艦歴を振り返るときには、第1次改造完了から第2次改修に入るまでの期間のこの姿がもっとも短かったことになる。この期間中、アメリカ海兵隊のF-35Bを使用して発着艦試験が行われた

19

左舷艦尾から望む。2021年10月3日にはアメリカ海兵隊のF-35B戦闘機の発着艦試験が行われている

海上自衛隊「空母」、「いずも」&「かが」

右舷前方から望む。F-35Bパイロットが機首の引き起こしと
エンジンノズル下げ位置限界を示すノズル・ローテーショ
ン・ラインが艦首より27.25m後方にある

海上自衛隊「空母」、「いずも」&「かが」

海上自衛隊「空母」、「いずも」&「かが」

右舷艦尾から望む。「いずも」第1期工事では、まだ光学式着艦装置やドロップ・ライトなど夜間着艦機のための装備は施されていない

JS Izumo & Kaga

正面から見る。空母化改修の完了では「いずも」型も直線で構成された矩形の艦首になる。軍艦の姿は設計時のデザインがもっともバランスがとれている。その意味ではこの姿がもっとも美しい「いずも」といえるのではないだろうか

海上自衛隊「空母」、「いずも」&「かが」

F-35Bがストレート・イン・アプローチで着艦する高度250フィートから着艦するパイロットの視線

真俯瞰で見る全景。艦首形状は新造時と変わらない。トラム・ラインが艦首先端まで描かれていない状況がよくわかる

海上自衛隊「空母」、「いずも」&「かが」

リムパック2022演習のためパールハーバーに集結した各艦。全通甲板艦は手前から空母エイブラハム・リンカーン（CVN 72）、強襲揚陸艦「馬羅島」（LPH 6112）、強襲揚陸艦エセックス（LPH 2）、護衛艦「いずも」（DDH 183）。右端に強襲揚陸艦キャンベラ（LHD 2）が見える

「いずも」「かが」竣工から
2021年改装前

　「いずも」型ヘリコプター搭載護衛艦は1番艦「いずも」(DDH 183)は2015年竣工、2番艦「かが」(DDH 184)は2017年竣工。2隻の「しらね」型DDHの後継艦として、「ひゅうが」型DDHを拡大して設計された。発着艦スポットが1カ所増えて5カ所になり、基準排水量19,500トン、全長248メートルと最大の自衛艦となった。艦種のDDHは駆逐艦を意味するが、諸外国からはヘリコプター・キャリア(ヘリコプター空母)と分類されている。欧米の同サイズの全通甲板艦では固定翼戦闘機を発着艦させており、設計時から将来F-35Bを搭載することを想定していたことが設計に携わった防衛技術研究本部担当者からも明らかにされている。

海上自衛隊「空母」、「いずも」&「かが」

写真は「いずも」が初めての海上公試を行った2014年9月22日、相模湾における撮影。まだ防衛省に引き渡されていないため、マストには日本船籍船舶を示す日章旗が掲揚されている

左舷艦尾から望む「いずも」。初めて参加した2015年の観艦式。甲板には防衛大学校生徒が整列している

海上自衛隊「空母」、「いずも」＆「かが」

右舷前方から望む「かが」。日本海軍の空母も艦首を台形とした
デザインが多かった。「いずも」型は日本海軍の空母を踏襲した
ような艦首デザインで登場した

海上自衛隊「空母」、「いずも」&「かが」

JS Izumo & Kaga

海上自衛隊「空母」、「いずも」&「かが」

右舷艦尾から望む「いずも」。護衛艦「むらさめ」とともに
IPD2019における南シナ海をスービックに向け北上する様子

正面から望む「かが」。艦首に艦番号下二桁が白色で大きく記されていた。写真は2018年、大阪港で一般公開が行われた翌日の出港時の様子

海上自衛隊「空母」、「いずも」&「かが」

艦尾から望む「かが」。発着艦スポットは第1種離着艦標識の仕様で白色で記されている。2018年、大阪における一般公開の翌日の撮影

正横から見る「いずも」。煙突頂部に黒色塗装が施されているが、第1期改装時に灰色となる。写真は2019年インド・太平洋派遣 (IPD19) 時の撮影

真俯瞰で見る全景。5つのスポットの配置、着艦標識のデザインがよくわかる。また、艦首と艦尾には艦番号下二桁が大きく描かれている

海上自衛隊「空母」、「いずも」&「かが」

「ひゅうが」型護衛艦

　海上自衛隊初のヘリコプター・キャリアとなった「ひゅうが」型ヘリコプター搭載護衛艦は、2009年就役の「ひゅうが」(DDH 181)、2011年就役の(DDH 182)の2隻。基準排水量13,950トン、全長197m。「いずも」型と比べ排水量で汎用護衛艦1隻分の5,550トンの差があり、全長では51m、全幅では5mの差がある。搭載機数は「いずも」型の14機に対して「ひゅうが」型では11機。飛行甲板の発着艦スポットは1個少ない4カ所。対潜任務、哨戒任務だけでなく、掃海母艦としての役割も想定している。また「いずも」型との相違としてガスタービンエンジンの出力が12,000ps少ない100,000psとなっているが、公表されている速力は30ktで同じ。

海上自衛隊「空母」、「いずも」&「かが」

左舷前方から望む。公表されていた計画図面では艦首左先端
から左舷舷側までは一直線のデザインだったが、実際には途
中でクロッチがつき、複雑なスポンソンの形状となっている

左舷艦尾から望む「ひゅうが」。ドーンブリッツ2013演習に参加するため陸上自衛隊のAH-64Dを搭載している

海上自衛隊「空母」、「いずも」&「かが」

45

JS Izumo & Kaga

右舷前方から望む。「いずも」型と異なり、艦橋構造物の右舷側は通路がなく、船体舷側と一体化された構造となっていることがわかる

海上自衛隊「空母」、「いずも」&「かが」

右舷艦尾から望む。艦尾の両舷には324mm 3連装短魚雷発射管が備わるが、ステルス効果を兼ねて船体舷側のハッチが備わり外からは見ることができない

正面から望む。艦首の水面下にはドーム長が40メートルもあるOQQ-21ソナー・システムの大型艦首装備ソナーが備わっている

海上自衛隊「空母」、「いずも」&「かが」

艦尾から望む。飛行甲板の艦尾右側にはESSM対空ミサイルとアスロック対潜ロケットを装填する16セルのMk.41 VLSが備わっていることがわかる

ANNUALEX2013演習で巡洋艦アンティータム（CG 54）、補給艦「ときわ」（AOE 423）とフォーメーションを組む「ひゅうが」

海上自衛隊「空母」、「いずも」&「かが」

真俯瞰で見る全景。艦尾側の4番スポットに重なるように描かれている着艦標識はMV-22オスプレイの着艦位置を示している

「おおすみ」型輸送艦

　海上自衛隊にとって初めての全通甲板をもつ自衛艦が1998年に就役した「おおすみ」型輸送艦（基準排水量8,900t）。平成の初め、のちの「おおすみ」型となる、新型LSTの予想図が公開されたとき、全通甲板をもつ空母のような外観に国民は驚いた。4機のAV-8Sハリアー攻撃機や複数のヘリコプターを搭載するスペイン海軍の空母デダロと外観も全通甲板の長さもほぼ同じ。艦種からもわかるとおり、本質的任務は陸上自衛隊部隊の輸送である。船体後部は中空構造のウェルドックとなっており、最大54トンの積載量があるLCACを2隻格納できるほか、陸上自衛隊のAAV7水陸両用装甲兵員輸送車を搭載。沖合でバウランプを開いて注水し、LCACやAAVを発進させることができる。飛行甲板にはヘリコプタースポットが2カ所ある。

海上自衛隊「空母」、「いずも」&「かが」

左舷前方から望む。2013年の派米訓練ドーンブリッツ演習でサンディエゴに入港する「しもきた」。飛行甲板にはCH-47JA輸送ヘリコプターが2機搭載されている

左舷艦尾から望む。LCACを搭載するためにアメリカ海軍の強襲揚陸艦と同様にウェルドックを備えるが、航空機運用のコンセプトは踏襲しなかった

海上自衛隊「空母」、「いずも」&「かが」

JS Izumo & Kaga

右舷前方から見る「おおすみ」型3番艦「くにさき」(LST 4003)。艦橋構造物の幅が広く全通甲板の横幅を広く占めていることがよくわかる。写真はリムパック2024で、オアフ島東岸で両用戦に挑む「くにさき」

海上自衛隊「空母」、「いずも」＆「かが」

右舷艦尾から望む。「しもきた」のウェルドックから発進したLCAC。「おおすみ」型3隻は掃海隊群第1輸送隊に所属し、LCACは隷下の第1エアクッション艇隊に所属している

正面から望む。艦首側が露天の錨甲板となっているデザインは、あえてエンクローズドバウの全通甲板を避けた設計思想が感じとれる

海上自衛隊「空母」、「いずも」&「かが」

艦尾から望む。両舷幅いっぱいのウェルデッキを設けたところは、各国の小型揚陸艦と大きく異なる。それだけに航空機運用を重視しない設計思想は中途半端だったといえる

真俯瞰で見る全景。ヘリコプターが発着できるのは後部の2つのスポットのみ。全通甲板の艦橋横と前甲板はヘリコプターの駐機、車両の駐車、資機材置き場に使用される

「いずも」型
ナイト・オペレーション

夜間、甲板照射灯と構造照射灯の赤い光で照らされる飛行甲板

　海中の潜水艦を上空から探知することは容易ではない。潜水艦が海軍の兵器の頂点である所以だ。それだけに一度でも、哨戒ヘリコプターが潜水艦を探知すれば、監視を継続する必要がある。これは有事でなくても、もしくは訓練中であろうとも、潜水艦の警戒監視は最優先の任務である。「はるな」型、「しらね」型DDHでは難しい夜間（日没から日の出まで）の発着艦が、安全なフリーデッキ・ランディングができる「ひゅうが」型、「いずも」型DDHの登場で可能になった。これこそが「いずも」型ヘリコプター搭載護衛艦の本質的な役割であり、存在価値である。

南シナ海の南、中国の主張する九段線の南側。現地時間午前4時57分。日の出後の最初の哨戒機を飛行甲板に上げる作業の打ち合わせをする「いずも」5分隊

海上自衛隊「空母」、「いずも」&「かが」

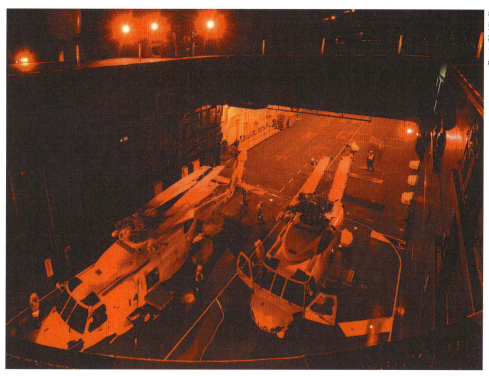

格納庫からSH-60Kを飛行甲板に挙げる作業。第1エレベータは長さ125m、幅21m。最大2機を搭載できる

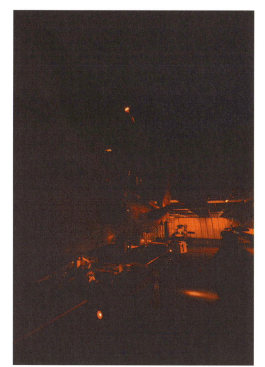

通称「電動ハンドラー」と呼ばれるヘリコプタ牽引装置を尾輪にかました状態で第1エレベータに載せられ上昇するシーン

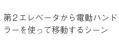

第2エレベータから電動ハンドラーを使って移動するシーン

日の出後の最初のフライトはSSCと呼ばれる周辺の警戒飛行だ。特に予定されている訓練海域や洋上補給の海域に停泊船舶や浮遊物などがないか調べるのだ。写真は2018年「かが」のIPD航海

65

JS Izumo & Kaga

上部構造照射灯が飛行甲板を照らす。航空関連の灯火の点灯スイッチは航空管制室にある。写真は「いずも」

日の出直前。飛行甲板にはフリーランディング灯、甲板照射灯、境界灯が点灯している。2019年の「いずも」

空が明るくなる日の出までの間近の時間帯。日の出時刻をもって航空機運用は「夜間運用」から「昼間運用」に切り替わる。写真は2018年の「かが」

夜間の航空管制室。撮影のため赤色灯火がついているが、実際の運用では消灯し、真っ暗である。機器やモニター類の照度も落とされる

66

海上自衛隊「空母」、「いずも」&「かが」

2017年7月コロンボ港に停泊する「いずも」。艦橋の白い灯火は航空作業灯。画面左と艦尾奥の強い光は岸壁のヤード灯だ。夜間ではあるが、整備作業があるため格納庫では白色灯で照らされている

夜間、艦内では赤色灯火となるが、飛行作業があるときは関係する部署は明るさを落としている。写真は甲板で飛行作業を行う5分隊が待機する列線整備員待機室。夜間作業で目を順応させやすいように薄暗くなっている

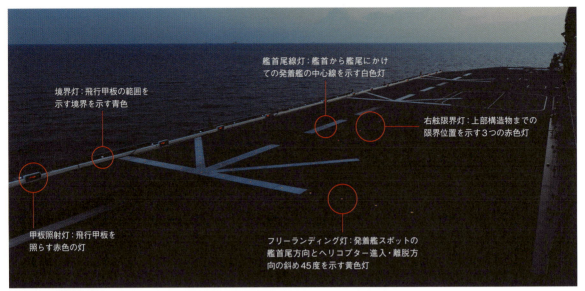

飛行甲板の航空関連の灯火

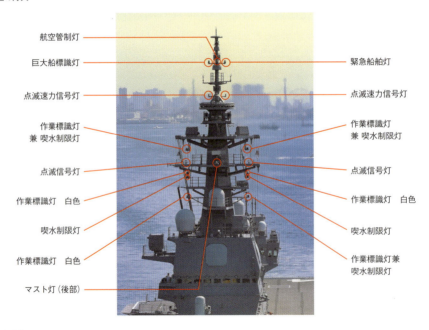

【マストの灯火 前方】

- 巨大船標識灯　緑色：海上交通安全法適用海域を航行する際に閃光させる全周灯
- 航空管制灯：航空機に対して航空管制を行っていることを示す
- 緊急船舶灯　紅色：海難救助など緊急用務に従事する際に2マイル以上を毎分180回〜200回の閃光を発する全周灯
- 点滅速力信号灯　緑色・赤色：色と点滅により自艦の速力を随伴艦に知らせる全周灯
- 点滅速力信号灯　緑色・赤色：色と点滅により自艦の速力を随伴艦に知らせる全周灯
- 作業標識灯兼喫水制限灯　紅色：浅水深域で進路が制限されている際に3マイル以上を365度の全周を照射する全周灯。3個を同時に点灯させる。
- 作業標識灯兼喫水制限灯　紅色：浅水深域で進路が制限されている際に3マイル以上を365度の全周を照射する全周灯。3個を同時に点灯させる。

- 点滅信号灯　白
- マスト灯（後部）白色：周辺の船舶に対し自艦の針路を示す6マイル以上を射光角度225度の範囲で照射する全周灯
- 点滅信号灯　白色
- 作業標識灯　白色
- 喫水制限灯　紅色：3マイル以上を365度の全周を照射する
- 作業標識灯　白色
- 喫水制限灯　紅色：3マイル以上を365度の全周を照射する
- 作業標識灯兼喫水制限灯　紅色：浅水深域で進路が制限されている際に3マイル以上を365度の全周を照射する全周灯。3個を同時に点灯させる
- 作業標識灯兼喫水制限灯　紅色：浅水深域で進路が制限されている際に3マイル以上を365度の全周を照射する全周灯。3個を同時に点灯させる

海上自衛隊「空母」、「いずも」&「かが」

状況灯黄色
状況灯紅色
状況灯緑色
補給誘導灯（前方）

【マストの灯火 後方】

・状況灯 紅色：着艦する航空機に対して、飛行甲板の状況を表示。赤色は着艦できない状況を示す
・状況灯 黄色：着艦する航空機に対して、飛行甲板の状況を表示。黄色は着艦できない状況を示す。スポット上のヘリコプターはローターの嵌合やエンジンを始動させている

・状況灯 緑色：着艦する航空機に対して、飛行甲板の状況を表示。緑色は着艦できる状況を示す
・補給誘導灯（前方）白色：ほかの艦と洋上補給をする際に相手艦から位置を確認するための灯火

69

●「いずも」型・「ひゅうが」型・「おおすみ」型の諸元

	「いずも」型	「ひゅうが」型	「おおすみ」型
基準排水量	19,500 t	13,950 t	8,900 t
満載排水量（推定）	26,000 t	19,000 t	14,000 t
全長	248 m	197 m	178 m
全幅	38 m	33 m	25.8 m
機関	LM2500IEC ガスタービンエンジン×4基	LM2500 ガスタービンエンジン×4基	三井16V42M-A ディーゼルエンジン×2基
出力	112,000 ps	100,000 ps	27,000 ps
速力	30 kt	30kt	22 kt
砲煩	高性能20mm機関砲×2基	高性能20mm機関砲×2基	高性能20mm機関砲×2基
ミサイル	SeaRAM 11連装発射機×2基	ESSM、VLA用　Mk.41 VLS×16セル	なし
電子戦・抗手段	NOLQ-3D-1 電波探知妨害装置 Mk.137 6連装デコイ発射機×6基 OLQ-1 魚雷防御装置(MOD+FAJ)	NOLQ-3C 電波探知妨害装置 Mk.137 6連装デコイ発射機×6基 曳航具4型 対魚雷デコイ×2基	Mk.137 6連装デコイ発射機×4基
レーダー・センサー	OPS-50 3次元式 OPS-28F 対水上捜索用×1基 OPS-20E 航海用×1基	FCS-3 多機能型（捜索用、FC用） OPS-28F 対水上捜索用×1基 OPS-20C 航海用×1基	OPS-14C 対空捜索用×1基 OPS-28D 対水上捜索用×1基 OPS-20 航海用×1基
ソナー	OQQ-23	OQQ-21	なし
搭載機	哨戒用ヘリコプター7機	哨戒用ヘリコプター7機	なし
	救難などのヘリコプター2機	救難などのヘリコプター2機	
発着艦スポット	5カ所	4カ所	2カ所
RORO機能	右舷サイドランプ	なし	両舷サイドランプ
乗員	約470名	約350名	約135名
隻数	2隻	2隻	3隻

SECTION 0

JS Izumo & Kaga

「いずも」型に期待される役割

JS Izumo & Kaga

2019年、フィリピン海軍スービック基地を訪問する「いずも」。フィリピン海軍と合同演習も行った

2017年、南シナ海でロナルド・レーガン空母打撃群と訓練を行う「いずも」（写真：アメリカ海軍）

I 日本と周辺国の海軍

　海上自衛隊の勢力を数字で見ると、人員約5万人、艦艇約150隻、航空機約350機の規模。ヨーロッパ最大の海軍力をもつイギリス海軍が人員約3万5千人、艦艇約90隻、航空機約160機なので、この数字だけでも日本はいかに規模の大きい海軍をもっているか図ることができるだろう。

　一方で、中国人民解放軍海軍は人員約30万人、艦艇約550隻、航空機約600機。2000年代に入り、毎月のように駆逐艦、フリゲート、コルベット、揚陸艦、潜水艦が進水しては就役を繰り返している。史上かつてな

SECTION 0　「いずも」型に期待される役割

アメリカ海軍は2020年南シナ海で第31海兵遠征隊を載せた強襲揚陸艦アメリカ（LHA 6）とHSC-25のMH-60Sを使ってFONOPを行った（写真：アメリカ海軍）

中国海軍空母「遼寧」（16）。J-15戦闘機など40機を搭載できるとされる

いペースで急伸長する中国の軍事力は、日本を含め周辺国の海軍力を上回っている。歴史を振り返ると、建国直後に西に勢力を広げ領土を拡大してきた中国は、海軍力を身につけると、東の海へと領土の拡大を図ってきた。装備の貧弱なフィリピンやベトナムの海軍力を容易に抑えて領土を拡大させ、一時は中国より近代的な装備をもっていた台湾に対しても、すでに数と能力で凌駕し圧倒的な海軍力で包囲している。フィリピン海軍は2020年にホセ・リーザル級フリゲートが配備されるまで対空ミサイルも対艦ミサイルももっていない、機関砲だけの軍艦しか備えていなかった。そのため、すでに南シナ海のフィリピン領土の島々は中国海軍によって制海権を奪われている。ベトナム海軍は1988年に南シナ海南部で中国海軍とスプラトリー諸島海戦の一戦を交えている。戦車揚陸艦と輸送艦で島に上陸したベトナム側に対して、中国は053型フリゲート3隻

73

中国は水上戦闘艦の増強だけでなく、水陸両用艦の拡充も進めている。写真は071型総合揚陸艦「井岡山」

2016年、南浦に停泊中の朝鮮民主主義人民共和国海軍のソジュ級（改オーサ級）ミサイル艇。同海軍は水上艦を減らす一方で、2020年ごろから戦略潜水艦の試験を開始している

の勢力で砲撃を加え2隻撃沈1隻大破させ、ベトナム側が領有を主張していたほとんどの岩礁と海域を中国は実効支配した。

　日本海と東シナ海を挟む日本の隣国はロシア、北朝鮮、韓国、台湾、中国、そしてフィリピン。いずれの国も海軍力をもつ。ロシア海軍極東艦隊と中国海軍は日本に対して武力誇示を続けており、北朝鮮は外交カードになりえる戦略兵器である潜水艦発射型弾道ミサイルの開発を進めている。北朝鮮と休戦中の韓国は2000年以降に外洋型の海軍戦略を採り、イージス駆逐艦や強襲揚陸艦までそろえるようになった。日本との関係は最近ではかならずしも良好ではないが、アメリカ海軍が主催する訓練に日韓が参加している。フィリピン海軍は長年にわたりアメリカ海軍と訓練を続けてきたが、日本はごく最近までフィリピン海軍との訓練はなかった。台湾は表向き外国軍と訓練はしておらず、日本も中国との外交関係を鑑みて台湾軍とは交流していない。ただ、アメリカ海軍の駆逐艦などが台湾海峡を通峡し航行の自由作

SECTION 0 「いずも」型に期待される役割

日露捜索救難訓練2004で海上自衛隊と訓練するロシア海軍1241型大型ロケット艦「R-29」と775M型大型揚陸艦「BDK-11」

戦（FONOP：freedom of navigation operation）を実施している。FONOPとは公海では軍艦は自由に航行できることを示す作戦で、中国と台湾の間を航行することで中国に対する牽制にもなる。中国軍による台湾への威圧が続くなか、アメリカ政府の外交手段の1つとなっており、中国に対して楔を打つ形となっている。これに対して中国は演習の名目で台湾を包囲する形で艦船を配置するなど緊張が高まっている。

日本は周辺国のこうした状況の中に置かれており、世界的に見ても緊張度の高い、特異な地域の中にある「当事国」であるといえる。この本で紹介する護衛艦「いずも」は、海上自衛隊の最大の戦闘艦であり、象徴であり、そしてこの緊張する極東地域に日本のプレゼンスを示す外交手段の1つとなっている。「いずも」型ヘリコプター搭載護衛艦の「いずも」と「かが」の2隻はどのような戦闘艦なのか、詳細を見ていくことにしよう。

75

ブルネイ海軍哨戒艦ダルタクワ（09）。沿岸哨戒艦（OPV）ともいわれ、同艦は満載排水量1625トン。後方の護衛艦「あけぼの」（DD108）は満載排水量約6,000トンの駆逐艦クラスだ

II 空母という艦種

　世界各国の海軍艦艇の調査を行い、毎年『ジェーン海軍年鑑』を発行しているIHJのアレックス・ペープ氏によると、海上自衛隊護衛艦「いずも」の性能は軍艦の艦種分類では「ヘリコプター空母」に該当すると示している。

　防衛省は護衛艦「いずも」にF-35Bを搭載できるように改装するとし、これにより護衛艦「いずも」は事実上「空母いずも」としての機能をもつことになる。「空母」という艦種呼称については、海上自衛隊は創設当時から水上戦闘艦は、その役割や諸元、性能、外観が、駆逐艦であっても、フリゲートであっても、コルベットであっても護衛艦と称しているので、その外観、役割が空母であっても、それを護衛艦と称することに異論を挟む余地はない。空母のような外観と能力があっても護衛艦「いずも」は護衛艦である。

　ただ、漢字語圏で英語のFrigate（フリゲート）は「護衛艦」と訳している。フリゲートの大きさは国によっても異なるが、おおよそは駆逐艦より小型の満載排水量2000トンから4000トン程度の汎用戦闘艦といえる。弾道ミサイルさえも撃ち落とす能力がある「こんごう」型ミサイル護衛艦を駆逐艦より小型のフリゲートに分類している海上自衛隊に違和感をもつ国があるくらいなので、空母のような全通甲板をもつ「いずも」を、フリゲートを意味する護衛艦とするのは海軍力を矮小化した表現として反論をもつ国がでてくる。韓国のニュースや中国人民解放軍の退役した将軍は「いずも」をあえて「フリゲート」に分類する日本にそう指摘している。

　1921年のワシントン軍縮会議によると、空母の定義として「水上艦船であってももっぱら航空機を搭載する目的をもって計画され、航空機はその艦上から出発し、またその艦上に降着し得るよう設備され、基本排水量を1万トン超えるものを航空母艦という。」とある。

　これに従えばヘリコプターは航空機なので「いずも」は「空母」といえる。一方でアメリカ海軍は戦後に登場した回転翼機（ヘリコプター）を搭載した空母に艦種記号CVHをつけたヘリコプター母艦（Helicopter Carrier）の艦種を作り、1950年代のごく短期間であるが、護衛ヘリコプ

SECTION 0 「いずも」型に期待される役割

海上自衛隊国際観艦式2022に参加したインドネシア海軍コルベット・ディポネゴロ(365)。満載排水量1,692トン

一般的に駆逐艦より大きいサイズの水上戦闘艦を巡洋艦といい、現在ではアメリカのタイコンデロガ級とロシアのスラヴァ級の2艦種がある。写真は満載排水量11,530トンのロシア海軍スラヴァ級巡洋艦ワリャーグ

ター空母(CVHE)、強襲ヘリコプター空母(CVHA)が登場している。またこれとは別に対潜ヘリコプターを主力とした対潜空母(CVS：Anti-Submarine Air craft carrier)が登場している。日本ではこうしたヘリコプターを多く載せている空母を「ヘリ空母」と呼ぶようになった。アメリカ海軍の艦種分類に従えば、「いずも」型護衛艦はCVSだ。「いずも」型の開発コンセプトでは、対潜戦を主任務とするSH-60J/K哨戒ヘリコプターを搭載する航空機の主力とするからである。

77

ナイジェリア海軍ではフリゲートに分類されているサンダー (F 90) は、もとはアメリカ沿岸警備隊の長距離カッターに分類されていた艦を供与された艦

パキスタン海軍で駆逐艦として分類されていたタリク級は、もとはイギリス海軍でフリゲートに分類されていた21型フリゲート。写真はパキスタン海軍バダー (D 184)

アメリカ海軍の水上艦マークの艦長として最上位の艦配置は空母ではなく、タイコンデロガ級巡洋艦となる。世界で巡洋艦という艦種をもつのは米露だけ。写真はモービルベイ (CG 53)

SECTION 0 「いずも」型に期待される役割

満載排水量10,000トンのタイコンデロガ級巡洋艦に対して、艦種としてはそれより格下の駆逐艦を名乗る満載排水量14,797トンの駆逐艦ズムウォルト（DDG 1000）

日本では「むらさめ」型汎用護衛艦程度の艦容だが、DDHを名乗る韓国海軍駆逐艦ヤンマンチュン（DDH 973）。リンクスMk.99を2機搭載できる

AV-8S攻撃機を搭載して空母（CV）に分類され就役したタイ海軍空母チャクリナルエヴェト（CV 911）は、AV-8Sの退役にともない、艦種をヘリコプター空母（CVH）に変更。世界で唯一CVHを名乗る艦となった

79

JS Izumo & Kaga

Ⅲ F-35Bを搭載した「いずも」型に どんな期待があるのか

　「いずも」型護衛艦の本質的な役割は、対潜戦、対水上戦、警戒監視などを広範囲にわたって連続して航空作戦を行うために、SH-60J/K哨戒ヘリコプターを多数搭載できる洋上プラットフォームとなることである。

強襲揚陸艦ワスプ艦上のF-35B。アメリカ海兵隊はF-35Bを上陸部隊に対する近接航空支援や揚陸艦隊の防空などに使用している

特に海軍兵器の頂点にある潜水艦から、艦隊や商船を守るためには、敵潜水艦の探知から追尾、攻撃までを長い時間かけて継続する必要がある。つまり、敵潜水艦は安全な水中から隠密で目標（つまりは日本の艦船）に接近し、被探知されないように魚雷攻撃できることが役割のため、それを上空のヘリコプターから発見され、逆に攻撃を受けることは潜水艦の存在意義がなくなることになる。敵潜水艦は上空の哨戒機や哨戒ヘリコプターに対しては決定的な有効手段がないため、被探知されないように潜航するが、一方で追いかける哨戒ヘリコプターにとっては潜水艦を一度見失うと再探知が難しく、そのために複数の哨戒ヘリコプ

F-35Bを搭載する「いずも」型は陸上自衛隊の上陸作戦を支援する役割も期待されている。写真は上陸訓練を行う陸上自衛隊水陸機動団のAAV7

「いずも」型の本質的な役割は複数のSH-60K哨戒ヘリコプターによる継続的な対潜戦にある

SECTION 0 「いずも」型に期待される役割

対領空侵犯措置こそ、航空自衛隊が「いずも」で行いたい任務であろう。写真は中国海軍空母「遼寧」に搭載されたJ-15戦闘機。もとはロシアのSu-33戦闘機の試作機T-10K-3をウクライナから輸入し、コピーした第4世代戦闘機

ターが連携しながら、また、交代しながら潜水艦を見失わないようにしている。海上自衛隊が創設以来、装備を拡充し、隊員の能力を引き上げるために訓練を重ね、また研究してきた戦術こそ、この対潜戦であり、最大限に対潜戦で有利になるためのアセットを維持することが、「いずも」型護衛艦の建造の目的である。

2018年に防衛省は「航空自衛隊にF-35B戦闘機を導入し、いずも型護衛艦にも搭載することを検討している」と明らかにし、海上自衛隊の護衛艦に戦闘機が搭載される歴史的な事業が始まった。「いずも」「かが」の2隻はF-35Bを搭載できるように改装され、2025年ごろに航空自衛隊のF-35Bがロールアウトし、2027年には2隻とも航空自衛隊のF-35Bを搭載できる体制が整うことになる。2021年にはアメリカ海兵隊のF-35Bが第1期改修工事を終えた「いずも」艦上で発着艦の検証を行っている。

「いずも」型にF-35Bを搭載する計画について、政府は陸上自衛隊が行う島嶼防衛などの上陸作戦に効果があるとしており、アメリカ海兵隊が海軍の強襲揚陸艦に乗艦し空水一体の上陸作戦で行うように、地上部隊に対する近接航空支援や、戦闘航空哨戒などを行うことを想定しているとしている。

しかし島嶼防衛より喫緊の課題がある。空母の増強を進める中国海軍は、今後、日本の排他的経済水域（EEZ）から空母搭載の殲十五（J-15）戦闘機を飛ばしてくるようになると予測でき、「いずも」から行う対領空侵犯措置こそ、「いずも」にF-35B搭載することに期待される隠れた理由といえる（SECTION Ⅲで詳細を解説）。

83

Ⅳ 空母化「かが」ディテール

空母化に向けた特別改造では艦首を矩形に変更し、各所にF-35Bを搭載するための航空用艤装が施された。光学式着艦装置やホバー・ポジション・インディケーターなど、F-35Bを安全に運用するための装備が追加されている。一方でパイロットがおもに夜間や低視程など悪天候時にストレート・イン方式で計器着艦するための統合精密進入および着陸システムJPALS（Joint Precision Approach and Landing System）に必要なGPSアンテナ、VHFアンテナは後日装備のようだ。

JPALSはF-35Bが「いずも」に戻る際に、パイロットが機体に備わるJPALSのスイッチを入れ、約200マイル離れた場所から「いずも」側のJPALSから位置情報をデータリンクで位置情報を受け取り、それにもとづき艦の約60マイル付近でJPALSサーベイランス・モードに切り替えて、自機のID、高度、飛行方向、速度、緯度、経度を「いずも」側のJPALSに送信し、空母側からも位置情報のアップデートを受け続けるようにする。パイロットは10マイルで精密サーベイランス・モードに切り替え、真機速、降下率、偏流レートなどの情報を自動で送り続け、「いずも」側JPALSも艦の姿勢データを送り続ける。進入管制官はパイロットに交信でも情報を伝え、パイロットは最終進入、タッチダウンまでコックピット内のJPALSの情報を見ながら着艦でき、目視による着艦に比べてはるかに安全な着艦が可能になる。JPALSはアメリカの空母と強襲揚陸艦だけでなく、F-35Bを搭載するイギリスのクイーン・エリザベス級空母、イタリアの空母カブールに装備されている。

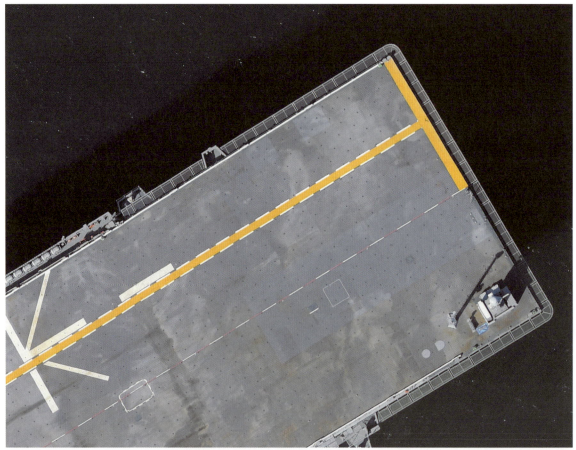

矩形に改造された「かが」の艦首。歴代のハリアー搭載艦、そしてF-35B搭載の現用艦と比較しても、十分な広さをもっている。特に右舷前方の駐機スペースは各国海軍の空母と比べても広い

SECTION 0　「いずも」型に期待される役割

矩形の艦首

　もっとも大きく外観を変えたのは艦首の形状をアメリカのワスプ級強襲揚陸艦のような矩形に変更したことだ。ワスプ級もF-35Bを搭載しており、実績にもとづく発艦にもっとも適した形状を採用したということになる。右舷先端部は約70平方メートル、左舷前端部は約237平方メートル拡張され、合計約307平方メートルが拡幅された。また、これにあわせて、20mm高性能機関砲CIWSの位置も右舷側に約5メートル移動し、飛行甲板上の航空機の運用の安全化がより図られている。なお、トラム・ラインの先端には「かが」のシンボルである鳥が黒色で記されたが、のちに黄色に変更された。

艦首左舷側が大きく張りだしている構造がよくわかるアングル。F-35B発艦に必要な合成風力を得るためには速力を上げる必要があるが、機体が無限から巻き上げる乱流の影響をなくすために矩形に変更した

右舷側から航空機の発着艦はないが、バランスをとるために左舷と同様の形状に設計変更した

85

JS Izumo & Kaga

トラム・ライン

F-35Bがデッキランチ（短距離滑走離陸）および、ストレート・イン・ランディング（直進進入着艦）する際に、パイロットが機体のノーズギアを乗せ滑走の目安とする太い黄色と細い白縁の線。空母のカタパルト発艦ではパイロットは手放しで発艦するが、カタパルトを使わないF-35BやAV-8Bはパイロットが機体を向かい風で機体が振れないようにみずからがあわせる必要がある。そのためにパイロットがHUD越しにトラム・ラインの黄色がはっきりと目

SECTION 0 「いずも」型に期待される役割

に入るようにするために幅広く塗装されている。アメリカの強襲揚陸艦でAV-8Aの運用が始まった際に採用された。同様のトラム・ラインは豪海軍アデレード級、スペイン海軍ファン・カルロスⅠ級などがあるが、上空からの視認性を低くするためにイギリスやイタリアは黒色の線を採用している。

また就役時に描かれていた艦番号末尾の大きな「84」も偵察衛星からの秘匿のために消されていることも印象を大きく変える。

❶ バウ・ライン
❷ トラム・ライン
❸ ショート・テイクオフ・ローテーション・ライン
❹ セーフ・パーキング・ライン／ファウル・ライン
❺ 4・5番スポット耐熱塗装

甲板に描かれたマーキングは基本的にNATOで使用するマーキングに準じている。ハリアーやF-35Bの発艦に必要なトラム・ライン、着艦のために必要な各スポットの着艦方向90度と斜め45度の白線はNATO各国で共通だ。逆に発艦方向（つまり左舷斜め）に向けた45度の白線は日本独自のマーキングだ

艦首左舷側から見た、「かが」の飛行甲板。アメリカ海軍のワスプ級、アメリカ級とかなり似ている。両級のノズル・ローテーションラインの記入も、2010年以降に採用され、それ以前にはこのマーキングはなかった

トラム・ラインの両側の白破線（トラム・リッジ・ライン）に配置されたトラム・ライン・ライト。写真はその点灯状態の白色LED光が見える。このライトは着艦機がトラム・ラインを使用する、ストレート・イン・アプローチのときにだけ点灯する。F-35Bは通常左舷側からのスライド方式着艦なので、このライトはめったに使用しないことになる

SECTION 0 「いずも」型に期待される役割

4番スポットのやや後方に艦首バウ・ラインから600フィートを示す数字がトラム・ライン右側に記されている。パイロットがコックピット内から識別し、ショート・テイクオフ・ラインまでの距離を参考するためのもの

5番スポットのさらにトラム・ラインのもっとも艦尾側から艦首側を見た様子。スポット5の付近にバウ・ラインから750フィートの位置を示す750の文字が見える

ショート・テイクオフ・ローテーション・ライン

F-35Bのパイロットが発艦する際に、機首を引き上げることを視覚的に知らせる線。また、ノーズギアがトラム・ラインから完全に外れてしまった場合、パイロットが機体を戻す限界の目安とする線。パイロット・インデュースト・オシレーションPIO（パイロット誘導振動）が発生する可能性が高まるため、パイロットはショート・テイクオフ・ローテーション・ラインに到達していないならば、機体をトラム・ラインに戻そうとしてはいけない。夜間の発艦時は左舷側からSTOライン灯がショート・テイクオフ・ラインを白色で照らす。その隣の赤い灯火は甲板照射灯。

ショート・テイクオフの左舷キャット・ウォークには夜間、ショート・テイクオフ・ラインを照らすための2基の白色LEDライトによつSTOラインが備わる。左側の赤色は甲板照射灯。両方とも点灯した状態

バウ・ライン／ノズル・ローテーション・ライン

飛行甲板の先端（バウ）であることを示す線。F-35Bのパイロットが発艦時にノーズギアがトラム・ラインから外れつつあることを認識した場合、パイロットが機体を修正するための限界と、エンジンノズルを下げなければならない限界を視覚的に確認するためにある表示。夜間は発艦時のみに左舷側から白色のバウ・ライン灯で照らす。

艦首の先端（バウ）に引かれたバウ・ラインの中央には「かが」のシンボルである鳥のシルエットが黒色で描かれていたが、改修直後に黄色に塗装された

バウ・ラインの左舷キャット・ウォーク側に備わる白色LEDのバウ・ライン灯。これらが夜間点灯した状態を示す状況は100ページを参照

SECTION 0 「いずも」型に期待される役割

セーフ・パーキング・ライン／ファウル・ライン

赤白線のセーフ・パーキング・ライン（米軍呼称ファウル・ライン：Foul line）は、航空機発着艦作業が続いている間は航空機が発着する滑走帯および発着艦スポット側に艦載機の駐機、および立ち入ることができないことを示す線。ただし、ヘリコプターがスポットを使用する際は誘導員らの立ち入りは可能。カタパルトが4基ある米空母の場合はファイル・ラインがそれぞれのカタパルトに引かれ、その都度、安全地帯が左右に変化するが、強襲揚陸艦はトラム・ラインが1本のためファウル・ラインも1本で引かれ、航空機発着艦時はファウル・ライン右舷側が安全地帯となり、「いずも」型の改修でもこのルールを採用している。

セーフパーキングラインを艦首側から見た写真。航空機発着艦作業が行われるときは、写真で示す赤白のセーフパーキングラインの左側に航空機を駐機しなければならない。また人員も滑走帯側への立ち入りができない

セーフパーキングラインには赤色LEDのセーフパーキングライン灯が埋め込まれる

4・5番スポット耐熱塗装

プライマリー・ランディング・スポットである4番から5番スポットの間にはMV-22が発艦着艦する際の排熱およびF-35B着艦時の排熱により、甲板の損傷を低減するために耐熱材が混ぜ込まれた耐熱塗料が施されている。ほかのスポットとは色味が異なっていることがわかる。

塗装はサーミオン社と海軍研究所（NRL）、NAVSEAが共同で開始した高耐性、耐熱性（HTTR）、および滑り止めを溶射ノンスキッド（TSN）のSafTrax TH604が吹きつけてある

光学式着艦装置

着艦するF-35Bのパイロットが、目視で着艦する場合に必要な、光学式着艦装置OLSが艦橋構造物の最後尾に備わった。OLSは縦長のインディケーター・ディスプレイの中に縦に9個並んだ黄色のライトがあり、その左右に機体の適正高度を示すアンバー色のソース・ライトが上下するインディケーター、中央の5個目のライトの左右には基準線を示す緑のライトのデータム、その下に赤色ライトが田の字に4つ並んだ、エマージェンシー・ウェイブ・オフ・ライツがインディケーター・ディスプレイの左右に配置される。パイロットはグライドスロープに適切にあうように降下する際に、OLSのソース・ライトがデータム・ライトにあうように機体の降下を調整し、ソース・ライトがデータム・ライトより高い位置ではグライドスロープに対して自機が高く、低い位置に見えればグライドスロープより低い位置にあり、危険な状態を示す。それより下がるとLSOはウェーブオフの指示をだし、ウェーブ・オフ・ライツを点滅させる。パイロットが正しく進入するとトラム・ライン上50フィートに到達し、パイロットは垂直着陸できる。

SECTION 0 「いずも」型に期待される役割

ステルスシールドで覆われ、またLEDライトを採用したOLSは日本が最初。今後各国のF-35B搭載艦にも採用されるかもしれない

OLSは着艦機がストレート・イン・アプローチをするときに使用する。しかし、F-35Bの着艦は基本的に左舷側からのスライド式アプローチになるため、使用する条件はかぎられている。写真はゴーアラウンドを示す赤色LEDが点灯した状態

ホバー・ポジション・インディケーター

ホバー・ポジション・インディケーター（HPI）は夜間、F-35Bが4番スポット、または5番スポットに着艦する際、左舷から各スポットにアプローチする際に適正な高度と前後の位置をパイロットに知らせるためのライト。上から白、白、緑のライトが並び、前後に4番スポット用と5番スポット用の赤色のライトが2つ並ぶ。パイロットは緑色赤色とライトを交差するようにスポット上でホバリングするようにし、この状態でスポット上49フィートを維持する。そして緑の上の白いライトとまっすぐになるように垂直に降下することで正しいスポット位置に着艦することができる。写真では4番スポット用の赤いランプが点灯している一方で、5番スポット用は消灯している。夜間、スポット4と5で同時に着艦は行わないので、同時に赤色が点灯することはない。

ホバー・ポジション・インディケーターが点灯した様子。写真でもわかるようにスポット4用の赤色LEDライトが見える位置では、スポット5用の赤色LEDライトは見えない

視認性を高めた航空管制室

航空管制室の窓はすべて長方形だったが、左舷側の張りだした窓3枚の形状がそれぞれ張りだしの形状にあわせて上底の長い台形になり、飛行長や発着艦管制官らの視界が向上している。これまでは特に発着管制官の席からはプライマリー・ランディング・スポットである4番スポットに着艦する機体の様子が窓と窓の間の支柱によって見づらく、これを解消することができた。

SECTION 0 「いずも」型に期待される役割

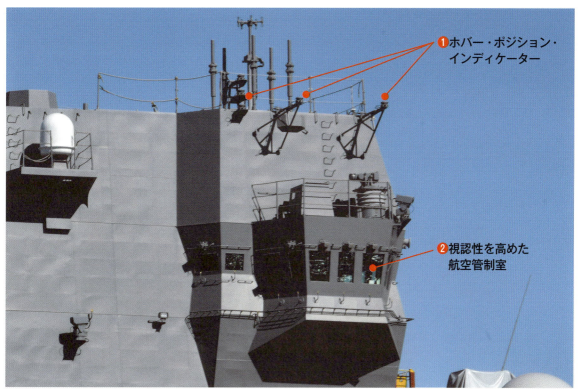

❶ ホバー・ポジション・インディケーター

❷ 視認性を高めた航空管制室

航空管制室とホバー・ポジション・インディケーター、そしてその各インディケータの位置関係がよくわかる写真。ホバー・ポジション・インディケーターはスポット4と5の着艦機に対するリファレンス

航空管制室に並ぶ窓の縁も改修され視界が広くなっている。特に航空管制室から左手後方のスポット5を使用する着艦機に対する効果が向上された

改装後の航空管制室。艦首側に飛行甲板管制官が座り、艦尾側に発着艦管制官が座る。監督する飛行長はその後ろのやや高い位置に着席する

デッキ・ステータス・ライツ（甲板状況灯）

デッキ・ステータス・ライツは、デッキの状態を3つのビーコン・ライトでパイロットや甲板作業員に視覚的に表示する。改修によりLEDに換装された。緑色のライトは飛行甲板がクリアな状態で着艦・発艦が可能。アンバーのライトは、飛行甲板上に予防的な状況がある場合に点灯する。ローターの噛み合い/取り外しのみ可能。スポットに駐機するヘリコプターのローターを嵌合させることはできる。赤色のライトは飛行甲板が発着艦状態にない場合に点灯し、発着艦はできない。着艦機は「グリーンデッキ」のコールを受けるまでホールディングパターンで待つことになる。

写真中央に赤色、アンバー色、緑色の回転する甲板状況灯の灯火が見える。改修後はそれぞれLED灯になった

ドロップ・ライト

F-35Bで夜間にストレート・イン・アプローチをする際に、パイロットがトラム・ラインとドロップ・ライトが一直線に見えるように視覚的に支援するトラム・ラインの延長線から垂直に並ぶ5個のライト。

米海軍のドロップ・ライトは大きな電球内臓の全方向から見えるタイプであったが、「かが」では接近する着艦機のパイロットが視認できる方向のみの方向にライトのカバーの切り欠きがある

SECTION 0 「いずも」型に期待される役割

スタンデッキ・ライト

F-35Bで夜間にストレート・イン・アプローチをする際に、パイロットが艦尾（AR：At Ramp）の位置を確認し、またスタンデッキ・ライトを超え、デッキ上に到達したことを視覚的に知るための8個のライト。

写真では見づらいが、黄色いトラム・ラインの末端から喫水の方向に向けてドロップ・ライトが並び、甲板の縁にスタンデッキ・ライトが並ぶ。アメリカ海軍の空母や強襲揚陸艦にある同様のライトをならったものだ

スタンデッキ・ライトも、ドロップ・ライトの規格と同様のにカバーに後方に向けた切り欠きがあるLEDライトが内蔵された仕様となっている

アメリカ海軍が撮影した強襲揚陸艦アメリカ（LHA6）の夜間の甲板の様子。甲板のライト類は改修後の「いずも」型と同様である。甲板照射灯は米海軍の場合は緑色を使用している。写真に見える白色の光跡は発艦したF-35Bの翼端灯である（写真：アメリカ海軍）

この写真はアメリカ海軍強襲揚陸艦アメリカ（LHA 6）の夜間の様子。ショート・テイクオフ・ラインを照らすSTOライン灯、バウ・ラインを照らすバウ・ライン灯、トラム・ラインを示すトラム・ライン灯、セーフ・パーキング・ラインを示すセーフ・パーキング・ライン灯が点灯しているのがよくわかる。海上自衛隊

SECTION 0 「いずも」型に期待される役割

では赤色の甲板照射灯は、アメリカ海軍では赤色と青色があり、写真では青色で照射されていることがわかる。艦首側に延びる白、赤、緑の線は発艦機の航跡。

101

●これまでの航空母艦建造実績

国名	現役	退役	建造中	未完成	合計
アメリカ	11	55	3	12	81
イギリス	2	38	0	15	55
日本	2	25	0	3	30
フランス	1	7	1	7	16
ロシア	1	4	0	2	7
インド	2	2	1	0	5
イタリア	2	0	1	2	5
中国	3	0	1	0	4
オランダ	0	4	0	0	4
スペイン	1	2	0	1	4
オーストラリア	0	3	0	0	3
カナダ	0	3	0	0	3
アルゼンチン	0	2	0	0	2
ブラジル	0	2	0	0	2
タイ	1	0	0	0	1
トルコ	1	0	0	0	1
ドイツ	0	0	0	7	7
イラン	0	0	1	0	1

建造数合計　231

●世界の航空母艦および全通甲板揚陸艦・多用途艦の配備数

国名	就役ずみ	予備役	海上公試	建造中	発注中	計画中
アメリカ	20	1	1	3	2	12
中国	5	0	1	2	0	5
フランス	4	0	0	0	0	1
日本	4	0	0	0	0	0
オーストラリア	2	0	0	0	0	0
エジプト	2	0	0	0	0	0
インド	2	0	0	0	0	5
イタリア	2	0	1	0	0	3
韓国	2	0	0	0	0	3
イギリス	2	0	0	0	0	0
ブラジル	1	0	0	0	0	1
ロシア	1	0	0	2	0	1
スペイン	1	0	0	0	0	0
タイ	1	0	0	0	0	0
トルコ	1	0	0	0	0	2

SECTION I

JS Izumo & Kaga

「いずも」型の概要

正面から見る改装前の「いずも」。全通甲板と左舷側に寄せた艦橋構造物はまさに伝統的な航空母艦の配置である

I 「いずも」型ヘリコプター搭載護衛艦

　海上自衛隊が装備する最大の艦、「いずも」型ヘリコプター護衛艦「いずも」(DDH 183)と「かが」(DDH 184)は、対潜戦、対水上戦、警戒監視を主任務とする哨戒ヘリコプターを複数機搭載できるヘリコプター搭載護衛艦（DDH）であり、航空作戦中枢艦であるとともに、指揮通信機能が高く、護衛隊群や護衛隊の司令部機能も兼ねている指揮統制中枢艦でもある。航空機運用を重視したために飛行甲板を艦首から艦尾までを全通方式にしているため、その艦容や航空機運用能力から軍艦の艦種として「航空母艦」「空母」との分類ができ、実際に各国海軍で運用する空母に搭載するような固定翼戦闘機であるF-35B戦闘機を「いずも」型でも搭載できるように改造されたため、事実上の「空母」といえる。なお、海上自衛隊では水上戦闘艦の艦種を大きさや性能に問わず、すべて「護衛艦」としており、日本海軍や各国海軍のように「駆逐艦」「巡洋艦」「航空母艦」などを意味する日本語表記にはしていない。また、「いずも」型ヘリコプター搭載護衛艦は設計上の艦種では甲Ⅲ型警備艦に分類されている。

　「いずも」は、「しらね」型護衛艦1番艦「しらね」(DDH 143)の代替え艦「平成22年度計画19,500トン型ヘリコプター搭載護衛艦（22DDH）」として、2012年1月27日に起工。2013年8月6日に命名・進水式が行われ、22DDHは「いずも」と命名され、2015年3月25日に就役した。2番艦の「かが」は「しらね」型護衛艦2番艦「くらま」(DDH 144)の代替え艦「平成24年度計画19,500トン型ヘリコプター搭載護衛艦（24DDH）」として、2013年10月7日に起工。2015年8月27日に命名・進水式が行われ24DDHは「かが」と命名され、2017年3月22日に就役した。両艦ともジャパン マリンユナイテッド(JMU)により横浜事業所磯子工場で建造された。就役時の基準排水量は19,500トンと公表されているが、海上自衛隊は自衛艦の満載排水量は公表していない。海軍の分析で権威のある『ジェーン年鑑』では就役時の満載排水量を24,000トンと推定していたが、2023-2024年版からは26,000トンに修正され掲載されている。「空母化」改装後の基準排水量は2023年度末時点で公表されていない

SECTION I 「いずも」型の概要

各国の空母、強襲揚陸艦などの全通甲板艦同様に、発着艦の効率をよくした左舷側を飛行甲板にしている。写真はINPAC17派遣の旗を艦橋前に掲示している

艦尾側をサーフェスから見る。艦尾にも外部通路があり、航行中に見張り員を配置できるほか、停泊中でもフォース・プロテクションのために警戒要員を配置できる。写真では11m作業艇が係留されている

が、21,000トンは超えるものと見られる。全長は248mあり、ミサイル護衛艦で最大の「まや」型と比べると基準排水量で2.3倍、全長で1.46倍となる。全幅は38mあり、これは「キャット・ウォーク」と呼ばれる舷側の作業通路を含む飛行甲板である。水面から船底までの喫水は7.3m。なお、喫水線からのマスト頂点までの「高さ」については就役時から公表していなかったが、「いずも」は2023年に公式ホームページと来艦者に配られるパンフレットに「49m」と記載されるようになった。「かが」の高さはほかの自衛艦同様に公表されていない。なお、自衛艦で「いずも」型に次ぐ大きさは基準排水量13,500トン全長221mの「ましゅう」型補給艦である。

海上自衛隊最大の艦であるだけに乗員数ももっとも多く、約400名の乗員に加え、護衛隊司令部の要員40名から50名、派遣航空隊、整備派遣隊、長期航海では派遣航空検査隊が加わることもある。また護衛隊群司令部が乗艦することもあり、災害派遣時は統合司令部や自治体機関、防災組織などの要員も居住できるように設計されているため、便乗者は最大で約450名を収容できる。

105

「かが」の航海艦橋。機器の配置はほかの護衛艦と大きく変わらない。奥の黄色い椅子には護衛隊司令が座る

II 船体

　船体の階層は、上部構造物の最上階層が露天の05甲板になり、マストの高さも5階層分の高さと同じくらいである。また、喫水線の付近が第6甲板になり、さらに水面下に第8甲板まである。第1甲板からの深さは23.5mである。

　飛行甲板は第1甲板となり、舷側のキャット・ウォークを除く面積は約8,630平方メートル。全通甲板なので平坦であり、機体や車両をタイダウンするための係留環が埋め込まれている。構造物としては前部マスト灯とCIWSが右舷前方に配置されている。艦橋構造物は他国の航空母艦同様に中央右舷側に寄せてあり、艦橋構造物の左前方に第1航空機エレベータ、右後方に第2航空機エレベータが備わっている。キャット・ウォークは、飛行甲板の外周にある航空機リンク設備、消火設備、電源設備、窒素充填設備、洗浄用水設備などが備わる、いわば飛行科が作業を行うための航空支援施設。艦橋構造物の第1甲板に、飛行科5分隊が使用する発着艦員待機室がある。

　飛行甲板の1層下、第2甲板はアメリカ空母でいう「ギャラリー・デッキ」に相当し、作戦に必要な多くの重要な区画が集中している。艦首側には錨鎖甲板があり、重量8.8トンの第1主錨、重量5.5トンの左舷側第2種錨を上げ下ろしするための2基の電動油圧投揚錨機、繋留索（もやい綱）を巻き上げ、繰りだすための係船機、ホーサーリールなど係留作業のための装置が備わっている。その後方には居住区画があり、おもに便乗者に割り当てられる。その後方には、電信室やCIWS管制室、公室、艦長室、士官室、士官執務室、搭乗員待機室、戦闘システム機器室、多目的区画、多目的講堂などがある。多目的区画は約280平方メートルで床面はOAフロアになっており、艦首側の壁面は3枚の大型モニターが並ぶ。部屋の左舷側前方にマイクやモニターとパソコンを連接するための作

SECTION I 「いずも」型の概要

第2甲板艦首側にある錨鎖甲板。重量8.8トンの第1主錨用鎖と重量5.5トンの第2主錨用鎖が見えている。左奥には係船機・係留索用ドラムが見える。電動油圧型の投揚錨機で巻き上げる

左舷側にいる曳船からのもやいを取る場所となっている第5甲板1中部係留区画。「いずも」型は右舷側に艦橋があるので、接岸は右舷。曳船は左舷となる

士官室。幹部が食事や会議を行い、また来賓者を接遇したり、懇談する場所。市隣接して小さな配膳室があり、給養室で調理された食事の配膳を行う

多目的区画にある弾薬用エレベータの扉。飛行甲板と弾庫に通じるエレベータの途中階にある多目的区画は戦時医療所を兼ねているため、負傷者をエレベータ降ろす際にこの扉から搬入する

業台がある。多目的区画は文字どおり多目的に使用する部屋。「いずも」が作戦で陸海空の統合運用となった場合、多目的区画は陸海空自衛隊の指揮所となり、令和7年度から新設される統合作戦司令部の指揮官および司令部要員も司令部機能として使用することになるだろう。同様に大規模災害時の災害派遣でも自治体や関係省庁の職員と陸海空自衛隊が共同で運用する指揮所としても機能するようになっている。また戦時治療所としての機能もある。この多目的区画は「ひゅうが」型で採用され、踏襲するもので、広さもほぼ同等となっている。また、多目的区画から通路を挟んで舷側の露天甲板にでることができ、ここにチャフ発射装置が配置されている

第3甲板は士官寝室や科員居住区、倉庫、機器室など、第4甲板は係留区画、作業艇のレセスなどがある。第5甲板は航空機格納庫の床面になり、3層分（ちなみに「ひゅうが」型では2層）の高さを占有している。第6甲板は操縦室兼応急指揮所、専任海曹室、科員居住区、第1から第3食堂、配食室、調理室など、第8甲板はガスタービンエンジンなどがある機械室の入り口があり、LM2500ガスタービンエンジンは第9甲板に乗せられ2階層分の高さを占有している。その下は船倉甲板と呼ばれる第10甲板になり、燃料タンク、水タンクなどが配置されている。

107

艦内に4基あるLM2500IECガスタービンエンジン。機械室に配置され、箱状の部屋に収まっている。写真奥がアウトレット側

Ⅲ 機関

　「いずも」型の推進方式はガスタービンエンジンを複数組み合わせたCOGAG方式。主機（「もとき」という）は1基3,600rpm時28,000psのLM2500IECガスタービンエンジンを4基搭載しており、合計出力は112,000psとなる。推進器は2軸のスクリュープロペラなので、1軸を2基のガスタービンエンジンで減速装置を介して回すことになる。2基のガスタービンエンジンを低速用と加速用に分けて使用し、巡航時には2基のガスタービンエンジンで運転するか、4基を部分負荷で運転する。全速航行時は4基すべてを全力で運転する。これにより最大速力は30ノットにな

る。多くの護衛艦で採用されているLM2500であるが、「いずも」型では統合電子制御（ICE）形を初めて採用しており、これまでの機械式と異なり、燃料制御を電子式にしたことで、効率がよくなり、最大出力も1基あたり3,000psほど上昇している。

　このほか電源のための発電機にもガスタービンエンジンを搭載し、1基あたりの出力が1,800rpm時に3,400kWのLM500-G07ガスタービンを発電機として4基搭載している。これにより交流で6,600ボルト電圧、最大出力13,600kWを生みだし、搭載されるすべての装備に必要な電力を供給する。これら8基のガスタービ

ンエンジンは機械室に設置され、機械室は艦首側から第1発電機室に1号主発電機と2号主発電機。第1機械室に1号主機と2号主機。補機室兼第2発電機室に3号主発電機。第2機械室に3号主機と4号主機。機械室の最後部は第3発電機室になり4号主発電機が配置されている。それぞれのガスタービンエンジンは防振支持装置の上に載せられ、直上に吸気消音器、排気消音器、雨水や海水を除去するデミスタ装置が吸気路と排気路につながり、吸気管は舷側や艦橋構造物側面、排気管は艦橋構造物の赤外線対策が施されたファンネルを通じて外につながっている。また主機

SECTION I 「いずも」型の概要

機械区画第1機械室のガスタービンエンジンの横にあるアナログ式のゲージ。エンジンの操縦は操縦室兼応急指揮所で行い、ここでは機関の状態を監視している

操縦室兼応急指揮所。艦橋から伝達された速力などの数値をここで管制する。また造水装置や空調装置など艦内環境の管理、そして被災時の応急指揮もここから行う

や発電機などを制御する機関制御用電子機器盤が機械室内に配置される。

　主機と発電機などを操作するのは第6甲板にある操縦室兼応急指揮所。ここでは航海艦橋にある艦橋操作盤から送られてきた指示にもとづいて主機遠隔操縦盤でガスタービンエンジンの制御を行い、艦内で使用される電力を補機制御監視盤で制御している。なお、艦橋操縦盤、主機遠隔操作盤と補機制御監視盤をあわせた機関操作盤、そして機関制御用電子機器盤をあわせたシステムを機関制御監視記録装置（MCS）という。このほか、空調装置、燃料油移動ポンプ、造水装置の制御なども操縦室兼応急指揮所で行う。「応急」というのはダメージ・コントロールのことをいい、戦闘で受けた被害、火災、浸水などの対応のことをいう。艦内に消化専門の要員はいないので、応急のための班がその都度編成され、操縦室兼応急指揮所から応急班を指揮する。各所が被害受けた場合、操縦室兼応急指揮所の応急監視制御盤で艦内各所の状況が示され、応急班が複数の場所で対処している場合でも、一括して把握し、応急指揮を執ることができるようになっている。

109

連続した対潜戦、航空作戦を行うためには航空機の連続発着艦ができる全通甲板が望ましい。またそのための要員が作業するための舷側のキャット・ウオークも不可欠だ

Ⅳ これ以上ない対潜戦プラットフォーム

　「いずも」型護衛艦に搭載する航空機の機数(搭載機数)は、就役時ではSH-60J/K哨戒ヘリコプター7機とMCH-101輸送ヘリコプター2機、最大14機程度が公式に示されていたが、現在、海上自衛隊が公表する搭載機数は9機。内訳は哨戒用ヘリコプター7機と救難などのヘリコプター2機となっている。2017年に「いずも」が8機搭載して長期航海したあとに変更されたので実際に運用を行っての結果ともいえる。ちなみに「ひゅうが」型の標準搭載機数も9機となっている。ただし、実際に積載できる機数(積載機数)は公表されている搭載機数以上の積載が可能だ。積載機数は機種や、積載する目的などによって数が異なるために、「何機」と特定することはできない。

　各国海軍の空母と比べると、かつてシーハリアー攻撃機などを約25機搭載したイギリス海軍イラストリアス級空母(全艦退役)より38m、またかつてシーハリアー攻撃機やシーキング哨戒ヘリコプターなど約30機を搭載したインド海軍ヴィラート(退役)より21m長い。F-35BやAW-101を飛行甲板上に最大30機搭載するイタリア海軍カブールより4m長い。AV-8B攻撃機やF-35B戦闘機を25機以上搭載するアメリカ海軍ワスプ級強襲揚陸艦は全長250mなのでほぼ同じ甲板長だ。「いずも」型の設計にあたり、各国の空母が固定翼機を運用するようなサイズになった理由は、将来の海上自衛隊の作戦に柔軟にするためであり、F-35B戦闘機やUAV型哨戒機の搭載を視野に入れた設計であったからだ。

　これまでの護衛艦の寿命は約40年である一方で、護衛艦の設計段階では将来の日本の安全保障環境を予想することはできないため、あらかじめ柔軟な運用を想定している。「いずも」は2050年代まで活躍することになり、航空機運用中枢艦として余裕のある船体設計になっているといっていいだろう。

　「いずも」型がもつ高い航空作戦能力は、248mの全長をフルに使った全通の飛行甲板と艦内にある航空機格納庫の機能の裏づけがある。飛行甲板には航空機ハンドリングに十分な甲板と、5カ所の発着艦スポットがあ

SECTION I 「いずも」型の概要

多国間のインターオペラビリティが柔軟であることも全通甲板艦ならではの特徴といえる。他国の哨戒機が作戦中でも、「いずも」を使って、燃料補給や再発進が可能になってくる。写真は「いずも」に飛来したHSM-51のMH-60R

航空中枢艦として不可欠な機能が飛行甲板の下にある航空機用格納庫。複数の機体を同時に昇降できるエレベータでアクセスできる

り、特別な着艦拘束装置など必要とせず、また海上自衛隊だけでなく、陸空自衛隊、あるいは外国軍の航空機でも着艦できる。汎用護衛艦と異なり海面から飛行甲板までの高さも高く、また船体も大きく安定しているため、汎用護衛艦より天候による制限も少ない。また2つの昇降機（航空機用エレベータ）で飛行甲板と連接する格納庫はその一端を整備専用の区画として機能しており、クレーンを使ったエンジンの載せ換えなど大がかりな整備も可能で、複数の航空機を同時に整備作業する十分なスペースがある。また、このように派遣されてくる航空隊、整備隊を受け入れるに十分な居住区画、生活環境が整っていることも「いずも」の航空機運用能力を活かすに必要な要素である。飛行甲板や格納庫だけなく、艦橋構造物も大きいため司令部として必要な十分に広い区画、通信設備、機能も備わっているため、複数の護衛艦やその搭載機と連携して対潜戦を行うこともでき、また長期の作戦行動でも自衛艦隊司令部と複数の手段でリアルタイムなコミュニケーションができるのも十分なスペースがあることによって可能になる。特別改装によってF-35Bが搭載できるようになるのも、余裕をもった設計による対潜艦であったからといえよう。

111

艦隊情報中枢（FIC）は護衛隊司令部、護衛隊群司令部などの司令部が、各部隊を指揮する部屋（写真：海上自衛隊）

Ⅴ 「いずも」のC4I

　「いずも」型護衛艦の航海で作戦指揮の中枢となるのが司令部作戦室（FIC：Fleet Information Center）と戦闘指揮所（CIC：Combat Information Center）。司令がいるFICは護衛隊群司令部の洋上基地であり、護衛隊群司令が指揮を執る区画。「いずも」型は単独では作戦航海にでることはまれで、かならず護衛艦が1隻以上随伴し、大規模演習では各護衛隊から10隻にもおよぶ護衛艦とともに行動している。この際に各護衛隊を指揮する護衛隊群司令部が「い

ずも」型に乗艦して指揮する。基本的に「いずも」であれば第1護衛隊群司令部、「かが」であれば第4護衛隊群司令部だ。司令部には司令の海将補以下、主席幕僚、各専門分野を受けもつ、監理幕僚、通信幕僚、情報幕僚、運用幕僚、気象幕僚、訓練幕僚、後方幕僚、計画幕僚、法務幕僚などの幕僚幹部、そして幕僚らを支援する先任伍長と海曹ら約30人から40人が交代で配置につき、隷下の護衛隊に所属する艦を指揮統制している。つまり、隷下の護衛隊が遠い海

域で別の作戦で行動していても、「いずも」のFICから指揮をしていることになる。なお、陸上基地にも司令部要員が残っているが、「いずも」が作戦航海中はFICが司令部となる。
　CICは戦闘時に艦長が航海艦橋から降りてきて戦闘指揮と航海指揮を執る指揮所となる。船務科の長である船務長または砲雷科の長である砲雷長が、戦闘指揮官である哨戒長となってCIC内で艦長の指揮のもと砲術、電子戦、電測、CDSなどの各員を統率する。「いずも」の場合は敵艦を

112

SECTION I 「いずも」型の概要

攻撃する装備は搭載されていないが、近接防御の兵器や電子妨害装置は備わり、CICでは電子戦を含め自衛のための戦闘を指揮する場所となる。OPS-50対空レーダー、OPS-27対水上レーダー、OQQ-23水上艦用ソナーシステムで得られた情報はOYQ-12情報処理装置で処理され、各員はOYX-1情報処理サブシステムのコンソールで操作し、哨戒長や艦長に情報を提供し、20mm高性能機関砲ファランクスCIWSや近接防御短距離ミサイル・シーRAM、NOLQ-3D-1電波探知妨害装置、Mk.137Mod2チャフ・フレアー装置などの対抗手段で対処を決定する。一方で攻撃兵器である哨戒ヘリコプターが作戦海域から戦術データ・リンク、リンク11やリンク16、HSリンク装置ORQ-1Cで送られてくる情報もOYQ-12で一元化される。作戦時にはCICとFICで情報を共有し、艦長と護衛艦隊群司令が指揮することになる。

また、CICやFICでは海上自衛隊指揮統制・共通基盤システム（Maritime Self Defense Force Command, Control and Common Service Foundation System、MARSシステム）により、自衛艦隊司令部と情報共有し、自衛艦隊司令部は潜水艦部隊や航空部隊、さらには陸空自衛隊、海上保安庁からも情報がもたらされ、これをもとに自衛艦隊司令部から「いずも」を指揮統制することになる。

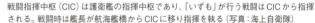

戦闘指揮中枢（CIC）は護衛艦の指揮中枢であり、「いずも」が行う戦闘はCICから指揮される。戦闘時は艦長が航海艦橋からCICに移り指揮を執る（写真：海上自衛隊）

113

艦橋構造物の艦尾側にある航空管制室は「いずも」の航空作戦と管制の中枢

Ⅵ 「いずも」の航空管制

　「いずも」の艦上からの航空管制は、飛行甲板から発艦までの間で機体の移動許可や発着艦の許可などを行う飛行長（AIR BOSS）が管制し、発艦機が「いずも」から半径約5マイル離れるまでは支援管制官（タワー）が管制を行い、「いずも」から離れる発艦機に対して5マイル圏内の着艦機の有無や、着艦機に対して発艦直後のヘリコプターがいることなどの情報を提供する。「いずも」から半径約5マイル以遠は出発進入管制官（ターミナル・レーダー）が管制を行う。「いずも」の行動はほとんどが公海上や周辺国のEEZなので、訓練海域・空域は周辺国の航空管制圏に入ることはないが、まれに民間機や軍用機が「いずも」から数十マイル付近を飛行していることがあり、これらの航空機が接近するコースをとっているなどの場合には、出発進入管制官がパイロットに対して付近に接近航空機がいることを伝える。訓練や実際の作戦ではこれより以遠では管制官から離れ、戦闘指揮中枢（CIC）とデータリンクなどで連携することになる。「いずも」に搭載されている派遣航空隊は外国地における訓練や、緊急の医療搬送など陸上飛行場への飛行を想定しており、その場合パイロットは「いずも」管制圏から離れたのち、対象国の航空基地や空港の管制に周波数をあわせ着陸のための管制に従うことになる。

　インド太平洋方面派遣では航海中に多くの外国軍と訓練し、一部の訓練では外国艦に着艦するクロスデッキ訓練がある。「いずも」を発艦したパイロットは、「いずも」管制官から相手の艦の周波数に切り替える許可をもらい、相手の艦の管制官とコンタクトして着艦の指示を受ける。また、クロスデッキ訓練では逆に外国艦の搭載機が「いずも」に着艦するので、「いずも」側の管制官は事前に決めた周波数を使って、着艦機とコンタクトし誘導する。ほとんどのパイロットは日常的に外国艦に着艦しているわけではなく、「いずも」に着艦するのも初めてなので、外国艦に着艦するルールをNATOで標準化さ

SECTION I 「いずも」型の概要

航空管制室は飛行長（AIR BOSS）らが甲板の状況を確認する窓があるため、発着艦管制室で管制が行われる際は遮光カーテンで仕切られる

「いずも」から半径約5マイル以遠の管制を行う出発進入管制官が座る出発進入管制官卓

れたHOSTAC（空母以外の船舶からのヘリコプター運用）に沿った方法で着艦することになる。気象状態や双方の距離によっていくつかの方法があり、相手艦から「いずも」が見えるぐらい近い距離の場合であれば、外国機のパイロットは「いずも」管制官の周波数にコンタクトし、管制官は左舷からの進入と着艦スポットを指示して着艦する。双方で目視できないほど遠方からのアプローチではパイロットは「いずも」のTACAN電波を受信して方位と距離を測定し

てアプローチする。パイロットは「いずも」の目視を「いずも」管制官に伝え、着艦までのコースなどの情報を伝える。このTACANアプローチは計器飛行気象状態（IMC）でも有効だが、一般的にIMCではクロスデッキ訓練は中止になるとされる。また「いずも」で電波封鎖（EMCON）が行われているときもTACANアプローチはできない。このようなクロスデッキ訓練は事前に「いずも」側と相手艦とでHOSTACを参照して綿密に打ち合わせる必要があり、上

空での意思疎通のために管制のルールなどを決めたうえで実施されることになる。

2017年から2024年のインド太平洋方面派遣で「いずも」「かが」にはアメリカ海軍MH-60S/R、インド海軍シーキングMk.42B/C、SA316B、フランス海軍SA365F1、ドイツ海軍リンクスMk.88、オーストラリア海軍MRH90などが着艦している。また、「いずも」「かが」に随伴した汎用護衛艦にも各国軍の艦載機が着艦している。

「いずも」の艦橋構造物中央にある補給ステーションからスパンワイヤーが受給艦につながり、重力により給油ホースが下がっていく様子

Ⅶ 洋上補給

　継続した作戦を行うには部隊は、長期間海上にとどまる能力が必要であり、補給できる港が近海にない場合は、補給艦から、洋上で燃料、弾薬、予備部品、食料を受け取る必要がある。洋上で補給することをRAS（Replenishment At Sea）またはUNREP（Under way Replenishment）といい、ヘリコプターによるドライカーゴの移送はVERTREP（Vertical Replenishment）という。

　補給艦の甲板には両舷に燃料補給ポスト、物資補給用ポストがあり、左右どちらか、またがその両方に受給艦に対して補給できる。一方で、燃料や物資などの搭載量が多い「いずも」型は右舷の艦橋構造物の中央に燃料補給ポストが備わり、随伴艦に対して補給艦の役割をもつ。また、「いずも」も受給艦となって右舷側で補給艦から補給を受けることができる。

　RASは給油と並走する相手にあわせて一度に補給することができることがメリットであり、また基本的に速力12ktまたは13ktで補給できるため部隊はより高い速度を維持して、速やかに補給を終え、任務に戻ることができる。その一方で、両艦がお互いに距離45メートルで並走すると、艦首側と艦尾側で水圧が高くなり、艦中央部では水圧が低くなる。速力が高くなり、また、距離が近いほどこの水圧が大きくなり、危険なため、両艦は速力、針路、距離を一定に保つ必要がある。

　2隻が横に並ぶと、索発射機を使って、ロープを受給艦側に送り、ロープはそれぞれの役割の索とつなげられて、両艦の間がつながる。基本的に5メートル間隔で各色に識別された小旗がついた距離電話線と現場電話線が最初につながる。そのあと、給油ホースを吊るために必要な導索（スパンワイヤーと呼ばれる）を張るために、「いずも」側の高い位置から低い位置の受給艦との間にスパンワイヤーを張り、これをメインのワイヤーとして、スパンワイヤーと

SECTION I 「いずも」型の概要

給油ホースを繰りだす様子。先端にプローブがよく見える

給油ホースが格納された状態。「いずも」は外部から収納状態が見えるが、「かが」には扉が備わっている

受給艦側のプローブレシーバーめがけてプローブが入り込むシーン

　滑車（トロリー）に給油ホース（蛇管と呼ばれる）を走らせ、受給艦に接近させる。スパンワイヤーはラムテンショナーを介してウインチに巻かれており、ラムテンショナーが波の動揺を抑えて安定して維持することができる。給油ホースの先端はプローブと呼ばれるバルブ装置があり、このプローブを受給艦側に備わるプローブ・レシーバーに差し込まれると同時にバルブが開いて給油可能な状態になる。「いずも」側の補給ステーションで、燃料の送油を制御し、給油が完了すると、受給艦側のプローブ・レシーバーにあるレリース・レバーがプローブとのロックを解除し、プローブは揚収索（リターンワイヤーと呼ばれる）によって「いずも」側に引っぱられ、給油ホースが「いずも」側に収容される。

　なお、RAS実施中は針路を変更することができないため、実施前に予定する海域に他の船舶や帆漂流物の有無を確認するため、ヘリコプターによる偵察飛行（SSC）を実施することが安全性を高めることになる。そのため給油側か受給側にHSが搭載される場合はSSCを実施することになり、この点で「いずも」型、「ひゅうが」型ではHSの数に余裕があるため、SSC任務にアサインしやすい。

117

乗員は配膳室で食器に食事を盛りつける。コロッケやハンバーグなど個数が決められているものもあるが、グレービー状であれば、好きなだけ盛れる

VIII 艦内生活

　500名もの乗員の「いずも」型、では、ほかの自衛艦と同じように艦内では、乗員は職能に応じた7つの「科」で編成されており、それぞれの「科」は5つの「分隊」に分けられている。特に航空作戦が品質的な役割である「いずも」型、「ひゅうが」型では航空関連に関わる乗員が多く、また、一方でDDやDDGに比べ、ミサイルや艦砲に関わる乗員は少ないのが特徴である。

　各科とも、1日のサイクルは「直」と呼ばれる3交代制で艦内各所が同時に「直」が代わる。3時間の勤務6時間の休息を繰り返し、勤務中の集中力を高めるようになっている。休憩の6時間の時間の使い方は自由だが、食事の時間は午前6時前後、正午前後、午後6時前後に設定されているので、休息の時間にあわせて食事を摂るようにしている。入浴や洗濯、睡眠も休息時間の6時間の間にすませる必要がある。

・砲雷科（1分隊）
　艦砲やミサイル、魚雷、機関砲のほか、火器管制レーダー、ソナー、探照灯、錨、などを担当。

・船務科（2分隊）
　情報、電測、通信を担当する。

・航海科（2分隊）
　航行、操舵、信号、見張、気象を担当。

・機関科（3分隊）
　主機、発電機、補機、空調、燃料、真水、応急を担当。

・補給科（4分隊）
　経理、補給、庶務、給養などを担当。

・衛生科（4分隊）
　衛生管理、健康管理、医務などを担当。

・飛行科（5分隊）
　艦載機の発着艦指揮・管制、運用、整備、補給を担当。また、DDやDDGにない「いずも」型、「ひゅうが」型の配置として、艦上救難長、航空管制士・航空管制員が配置されている。

SECTION I 「いずも」型の概要

後方に見える電気オーブンで焼き上げたソーセージを食缶に並べている。昼食ではホットドックのようなファストフードも乗員に人気だ

回転式調理釜は米を炊く、野菜を煮る、茹でる、カレーを煮込むなど万能だ。ボイラー室からの生の高温蒸気で加熱する

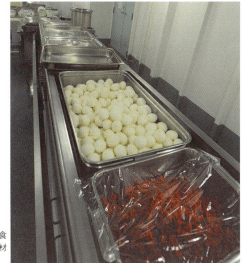

朝食が提供されているころには、昼食の仕込みが始まり、できあがった食材は、配膳されるまで置かれている

一艦内喫食

　乗員が艦内生活でもっとも楽しみの時間は食事だ。民間でのコック長にあたる給養員長の指揮のもと給養員とともに全乗員の食事を3食作る。乗員の多い「いずも」型、「ひゅうが」型、陸上自衛官が乗り込む「おおすみ」型などは給養員に加え、非番の乗員が手伝いをすることもある。給養員長は献立の最終決断を行い、給養員が朝は3時、4時から仕込みを始め、朝食の時間にあわせている。乗員は「総員起こし」という起床時間と同時に「会食はじめ」の号令とともに朝食時間が始まり、そのころには給養員は昼食や夕食の準備など始める。食事のメニューは和食を基本とするものの、街のレストランなるような洋食が献立にあがることもある。朝食は和定食のような献立になり、昼食には肉類、丼ものや麺類など、夕食は肉類など。特に一番人気はど

119

配膳室の入り口には、献立の内容が掲示されていた。揚げたての天ぷらが次々に厨房から運ばれる

ビーフステーキの和風ソースかけ。スープはクラムチャウダー

金曜昼の「いずも」カレー。実は、給養員長のアイデアでレシピはたくさんある

キス、エビ、イカ、カボチャの天ぷら。味噌田楽のおでんがサイドメニュー

の自衛艦でも金曜日のカレーである。市中では「護衛艦○○○カレー」と銘打った商品が販売されるほど有名な海上自衛隊カレーであるが、給養員長は1つのカレーレシピだけでなく、いくつものレシピをもっており、航海1週目と2週目で異なるバージョンで提供することもある。また、乗員によって異なる辛味の感覚にあわせて、辛味調味料を別にして各自で辛さを調節できるようにするなど工夫されている。一方で、高度な戦闘訓練が連続するときなどは戦闘糧食(缶メシ)となり、持ち場での食事となることもある。

日本だけでなく、世界の海軍では軍艦は平時において外交のツールの1つ。外国の来賓が乗艦する機会もあり、レセプションや会食など、給養員は高級料亭並みの特別な献立を提供することもある。また、「いずも」ではシップライダーなど外国軍士官が大勢乗艦したときに「いずもFes」と呼ばれるイベントが行われ、和洋趣向を凝らしたスイーツなどが提供される。給養員はこうした特別な献立もすべて第4術科学校で技術を習得し、護衛艦に配属される。

SECTION I 「いずも」型の概要

「いずも」は外国地を訪問すると、政府関係者を招いてレセプションが行われる。DDであれば飛行甲板と格納庫で行われるが、「いずも」は天候に左右されない、格納庫で行われる。写真はスリランカ訪問時のレセプションで、両国の国歌斉唱のシーン

レセプションでは大テーブルのメインディッシュのほか、屋台風のカウンターで天ぷらや寿司、スイーツなどを提供

ASEAN太平洋諸国の幹部が乗艦した際に「いずもFes」が行われた。餅つき大会や給養員が艦内で作ったスイーツで乗員も息抜きになる

司令や司令官、外部のVIP乗艦する際にアサインされる浴室が備わった居室

「かが」の艦長公室。艦長はここで面会を行ったり、執務する。奥には第1公室寝室があり、風呂、洗面所、洗濯機、ベッドがある

一居住区画

　乗員は幹部と海曹・海士で居住環境が異なる。幹部の寝室は2段ベッドが1台または2台がある個室になり、洗面台、ロッカー、作業デスクが備わる。また艦長や司令用の部屋は1段ベッドと風呂が備わり、司令官や便乗する高官用に応接セットが置かれる個室もある。海曹・海士用の科員寝室は2段ベッドが連なる大部屋。各自用のロッカーが割り当てられているが、ベッドの下も個人の私物を入れることができる収納場所になっている。直の関係で、日中も寝ている乗員がいるために照明を暗くしてあり、静かな環境を維持するようにしている。区画には4人掛けテーブルが置かれる談話室も備わり、乗員は休憩や、勉強などに使用している。

SECTION I 「いずも」型の概要

科員寝室は2段ベッドが複数並んだ大部屋が、複数配置されている。各部屋にはロッカーや談話室が併設されている

陸上自衛隊など、大勢の便乗者が乗艦する際は三段ベッドの大部屋を使用する

夜間は赤色照明だが、当直の関係で昼間に睡眠している乗員もいるので、基本的に部屋は暗くしてある

科員居室に隣接する談話室。寝室にはテーブルがないため、科員は休息に使用したり、勉強をする。この部屋は夜間も明るくしてある

艦内のところどころには休息時に読む本棚があり、乗員らが読み終えた本を共有している

その対面には自動販売機があり、乗員は飲み物やアイスを購入するついでに本棚の本に目を通す感じだ

また、談話室には家庭用100ボルト電源もあり、私物の電気製品に給電できる。居住区画につながる通路には自動販売機も置かれ、非課税の価格で販売されている。

各居住区画には風呂とトイレ、洗濯室が備わり、脱衣所は洗濯機と乾燥機が複数設置してある洗濯室を兼務している。浴室は6名から8名が入れる大きな風呂桶が置かれ、海水で満たされている。ボイラーから供給される蒸気の管が風呂桶内にあり蒸気の弁を開いて、海水を熱する。浴室内には座れる低い洗い場と、高さのある洗い場がそれぞれ4つあり、艦内で作られた真水を使用する。なお、真水は貴重なので、各所で節水するように注意書きがある。

SECTION I 「いずも」型の概要

科員居室の付近にある洗面台と洗濯機がある洗面所。なお便乗者用三段ベッドのある部屋の横には洗濯機が並んだ洗濯室がある。大勢の陸上自衛隊員の戦闘服を常に洗濯できるようにするためだ

幹部居室の付近にある風呂には脱衣所に洗濯機がある

風呂桶は海水で満たされ、蒸気管からの生蒸気より海水を沸かす。シャワーは艦内で造水された真水を使用する

12.7mm重機関銃/QCBは、1930年代に開発されたNATO諸国をはじめ世界中で使用されている機関銃M2。QCBはクイック・チェンジ・バレル型で平成13年度から配備された。「いずも」では艦の装備ではなく、搭載品としてフォース・プロテクション用に必要に応じて舷側に設置できるようになっている

有効射程は約2,000m、最大射程は約6,770mとされ、護衛艦に接近する小型船舶に対して有効な武器となる。射撃訓練では、洋上に落としたマーカーに向けて、トレーサーを混ぜて実弾を射撃する

IX 「いずも」のフォース・プロテクション ─ M2機関銃射撃

　2000年10月12日、イエメンのアデン港に停泊中のアメリカ海軍イージス駆逐艦コール (DDG67) に起きた自爆テロ攻撃は、大型戦闘艦の「フォース・プロテクション」の重要性を露呈する出来事だった。世界最高の防空艦であるイージス艦がテロリストの安価な自爆ボートを防ぐことができなかったのである。アメリカ海軍では任務中に人員や装備に対する危険や脅威から銃器を使って守ることをフォース・プロテクションといい、艦艇の舷側などに設置された機銃にて、接近する不審船に警告射撃を撃ち、衝突や攻撃の動きを見

SECTION I 「いずも」型の概要

分解された各パーツをブレーキクリーナーなどで汚れを取り、スプレー潤滑油などを吹く

射撃訓練を終えると小銃器保管庫の前で機関銃の分解整備が行われる。本体から外された銃身にクリーニングロッドを差し込み清掃する様子

せたら船体射撃を行う体制を採っている。海上自衛隊ではインド洋派遣から重要視されるようになり、ソマリアの海賊対策派遣から護衛艦の各所に機関銃架を追加して機銃を設置できるようにした。

「いずも」型護衛艦は建造時から水上艦用機関銃架3型が設置され、12.7mmM2機関銃または7.62mmMINIMI機関銃の2種類を設置できるようにしている。海上自衛隊がホームページなどで示している護衛艦の要目に記される主要兵装には、62口径76mm速射砲や高性能20mm機関砲など具体的な名称があるのに、それより小型の機関銃が記されていないのは、これらの機関銃は護衛艦の兵装ではなく小銃器保管庫に収納する搭載品であるからだ。同様に銃器では64式小銃、9mm機関拳銃、9mm拳銃、ベネリM3T散弾銃などがあり、これらは立入検査隊などが携行する銃器だ。

M2機関銃やMINIMI機関銃を小銃器保管庫から取りだして銃架に設置するのは、フォース・プロテクションが必要になる状況が予想される場面。海上犯罪組織や国が管理で

きていない組織が出没するマラッカ・シンガポール海峡、フィリピン沿岸などを通過する際には設置されることがある。また、テロの脅威が排除できない外国の港に停泊する際も機銃を設置して警戒している。余談だが、アメリカ海軍は中東での警戒レベルが上がったとき、横須賀基地停泊中でさえ機銃を設置してフォース・プロテクションを行っている。

アメリカ海軍では空母など大型艦の機銃の設置場所を公表してしてはいない。これは自爆テロ犯が機銃の位置から射界を判断し、反撃を回避するように死角から突っ込むことを警戒しているためだ。海上自衛隊でも「いずも」型護衛艦の機銃の設置場所はすべて公表していない。また、「いずも」「かが」のインド洋・太平洋派遣訓練ではフィリピン沿岸、インドネシア沿岸、マラッカ海峡などを航行するが、どのようなタイミングで機銃が設置されるのかは、乗員の安全にかかわることのため公表していない。

2017年に「いずも」が実施したインド洋・太平洋派遣訓練では、シン

ガポール東方沖に設定された訓練海域でM2機関銃の射撃訓練が取材陣に公開された。M2機関銃は、全長165.4cm、そのうち銃身長は114.3cm、重量は38.1kgある。砲術科の隊員は手分けして舷側4カ所の機関銃架にM2を設置。この日は早朝からSH-60Kによる周辺船舶の状況を確認し、最終的に半径十数kmに船舶がいない海域内に浮遊する目標を2つ投下。「いずも」はその2つの目標の中央に向けてゆっくり進み、両舷それぞれ2カ所に設置されたM2機関銃には射撃員が安全に設定された射界の内側に目標が入るのを待つ。射撃員は目標に照準をあわせコッキング・ハンドルをガッシャっと引き、体をグッと機銃に押し当て右手でトリガーを押した。M2機関銃の発射速度は毎分400発から650発。タンタンタンと数秒間隔で目標とトレーサー（曳光弾）の距離を調節しながら射撃を繰り返す。M2の最大射程は約6,700mだが、訓練では数百メートルの距離を目標が過ぎていく。赤い射界制限枠に近づくと射撃をやめ、続けて船体後方から射撃音が響いた。

ASEAN各国の若手士官が、グループになって提起された問題をディスカッションするシーン

X シップライダー・プログラム

　2016年、日本とASEANの防衛担当大臣がラオスの首都ビエンチャンで行った会合で、日本は日ASEAN防衛協力の指針としてビエンチャン・ビジョンを示した。これは、これまでの日ASEAN防衛交流をより実践的・実務的に深化させ、ASEAN全体の能力向上に自衛隊が協力することで、地域の平和、安全および繁栄を確保することを目的としている。このビエンチャン・ビジョンにもとづいて、防衛省は内局が中心となって、ASEAN各国海軍の若手士官を護衛艦に招致する乗艦協力プログラム（通称：シップライダー・プログラム）を2017年から実施している。第1回の2017年はシンガポール沖の「いずも」で行われた。第2回の2018年はインドネシア沖の「おおすみ」で行われ、2019年も南シナ海の「いずも」で行われている。2023年の第4回は横須賀基地で接岸中の「いかづち」で行われたが、この年はダーウィン沖の「いずも」で第5回が行われ、ASEANに加え、初めて太平洋諸国と東ティモールの海軍と法執行機関の士官も招致して第1回太平洋島嶼国および東ティモール乗艦協力プログラムが実施され、同様に2024年もグアムから横須賀に至る海域で「いずも」艦上で実施されている。2018年の「おおすみ」を除いて、「いずも」がアサインされているのは、受け入れに十分なキャパシティがあるためと、加えて「いずも」が海上自衛隊を象徴する艦であることも理由の1つであろう。参加する若手士官は、日本最大の戦闘艦に乗艦し、5日間から1週間の航海を体験することで、海上自衛隊の本質的な任務の一端を体験し、共有することになり、各士官にとって将来にわたって貴重な経験を体験することになる。これは日本や海上自衛隊にとっても有益なことである。

　シップライダー・プログラムでは多目的区画を教場として、国際海洋法を含む国際法のセミナー、各種のテーマについてのグループディスカッション、また各国士官は自国の安全保障に関するプレゼンテーションも行う。「いずも」側が提供する機会は、HSの体験搭乗、各種訓練の見学、などのプログラムが用意されている。ASEANでは唯一海軍のないラオスからも陸軍士官が毎回参加しており、そして軍隊をもたないパラオやミクロネシア連邦などの法執行機関

SECTION I 「いずも」型の概要

ヘリ空母チャクリナルエヴェトで勤務した経験のあるタイ海軍士官が航空管制室で研修している

が参加し、これらの国にとっては海軍のオペレーションを知る機会になっている。またASEAN加盟を目指す、新しい海軍である東ティモール海軍も防衛大学を卒業した日本語が堪能な士官が参加しており、将来の海上自衛隊と東ティモール海軍にとって強力なキーパーソンとなることが期待されている。

「いずも」はIPD派遣の際にシップライダー・プログラムの場として、提供しており、IPDにおけるASEAN地域における「日本の顔」としての役割を果たしている。また、同時に「いずも」乗員にとってもIPD派遣では各国の士官と直接話しあう機会が少ないだけに、シップライダーとして乗艦してお互いの軍隊・法執行機関を知る貴重な機会となっている。

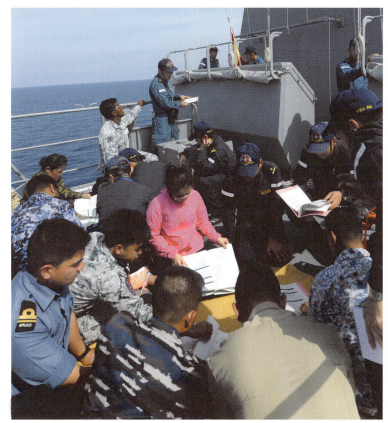

旗甲板において、随伴艦に向けて実際に国際信号旗を掲揚したり、相手の信号旗を読む訓練をしている

観艦艦となった2022年観艦式の「いずも」。観閲艦のアサインは2019年が最初であったが台風で中止となっていた

XI 「いずも」の観艦式

　観艦式は国軍の指揮官が自国の海軍を観閲する古くからの海軍慣例で、起源は1346年のイングランドで国王エドワード3世が自国海軍を閲兵したことに始まる。日本では日本海軍が大阪で行った1868年が初の観艦式。海上自衛隊は1957年に東京湾で行ったのが初めてだ。

　観艦式は観閲を受ける受閲艦が岸壁や洋上に停泊し、観閲官が地上また は艦艇に乗艦して指揮官と乗員を観閲する停泊式と、観閲艦も受閲艦も洋上で航行し、反航した両者がすれ違いながら観閲する移動式の2つ方法があり、海上自衛隊では移動式が定着している。

　観艦式では観閲官の受閲艦隊に対する観閲、航空部隊への観閲を行い、終了後には受閲を受けた一部の艦艇・航空機が演目として訓練の展示 を行う。祝砲や潜水艦、ミサイル艇やLCACなど艦艇の機動航行、航空機のデモ飛行などが行われ、毎回展示内容が異なり、新しい演目が展示される。

　「いずも」が就役した2015年には10月18日に第28回海上自衛隊観艦式が行われ、観閲艦には「くらま」がアサインされ、「いずも」は受閲艦隊旗艦となって初めて観艦式に参加し

SECTION I 「いずも」型の概要

「いずも」初参加の観艦式は2015年。
受閲艦隊の第3群であった。写真は
予行時の様子

2017年シンガポール海軍国際観艦式に参加したチャンギ海軍基地に接岸して受閲を待つ「いずも」と、観閲のために出港する観閲艦となった哨戒艦インデペンデンス（15）

ている。また、このときの観艦式の第1回予行では公募による一般参観者が乗艦し、第2回予行では防衛大学学生らが乗艦し見学している。

　2012年海上自衛隊観艦式からは外国艦も招待しており、これまでアメリカ、韓国、オーストラリア、インド、フランスが参加したほか、2019年は台風襲来で中止になったが、中国艦も参加のために来日した。2022年11月6日には海上自衛隊70周年国際観艦式が相模湾で行われ、海上自衛隊から艦艇20隻航空機6機、12カ国から艦艇18隻、航空機6機が参加した。2019年の海上自衛隊観艦式で は、護衛艦「いずも」が観艦式で初めて観閲艦にアサインされたが、台風襲来のために中止になったため、「いずも」が観閲艦となった観艦式は2022年の国際観艦式が初めてとなった。自衛隊の最高責任者である岸田文雄内閣総理大臣が内閣総理大臣旗のDVプレートが掲げられた第111航空隊のMCH-101（8651）で「いずも」3番スポットに着艦し、観閲官となり部隊を観閲している。観閲官が受閲艦艇・航空部隊に対する観閲を終えると、観閲艦隊は実施海面西方で右回頭し、続いて観閲官に対して展示訓練が披露され、展示訓練を終 えると総理大臣は「いずも」の格納庫甲板で訓示を行った。

　「いずも」の外国における国際観艦式では2017年5月15日に行われたシンガポール海軍国際観艦式が初めての国外の観艦式となった。チャンギ海軍基地沖に設定された実施海面が狭いため、各国受閲艦は海軍基地前の海面に停泊式で行われ、「いずも」はタイ海軍空母チャクリナルエヴェトとともに岸壁において停泊式で観閲を受けた。

　なお、「かが」は国内海外ともに観艦式に参加した例はない。

SECTION I 「いずも」型の概要

シンガポール国際観艦式を前にチャンギ基地に接岸した各国艦。シンガポール国際観艦式は国際海洋防衛博IMDEXにあわせて行われ、「いずも」にもVIPをはじめ多くの海軍軍人が見学に訪れる

「いずも」で訓練中の立検隊。「いずも」では就役当初から立検隊が編成されている

XII 「いずも」の立入検査隊

　各護衛艦における長期派遣航海でも、日本近海で行う訓練同様に対空戦や対潜戦など乗員の術科を向上させる訓練が行われている。その訓練のメニューのなかでも近年重要視されているのが、立入検査隊（通称「立検隊」）による船舶立入訓練である。船舶立入検査は容疑船舶や海賊船舶に対して、無線などによる停船命令から、武装解除、関係機関への引き渡しまで、法令関係に関わることもあり、さまざまなシーンを想定した訓練することが必要とされる。担当する立検隊は立入検査課程を修了した各科員から選抜されて編成される。9mm拳銃など銃器を携行して、護衛艦に搭載される11m作業艇や特別機動船などのRHIBを使って容疑船舶に乗り込む。

　立入検査隊の役割の1つは不法な行動を疑われる船舶に対しての検査や、海賊対策処などがあり、海賊対処に関しては、海上自衛隊は2009年以降ソマリア沖海賊対策派遣海賊対処を行っている。海賊対策処における立入検査隊の役割は、武装解除など安全化の役割がある特殊部隊の特別警備隊（SBU）と法務担当の海上保安庁派遣捜査隊（SDIT）の支援が主任務となる。周辺の警戒監視や、通信支援、複合艇（RHIB）の操法などの支援があり、被害船舶に移乗するために隊員がみずからの安全を確保するためにも、小火器の取り扱い技術を向上させるため訓練を重ねる。日本はまだ実際の海賊被害船への乗船と、海賊制圧の事態には接していない。

　アメリカ海軍では2010年以降に立入検査部隊であるVBSS（Visit Board Search and Seizure）が容疑船へ移乗するためのビークルに搭載ヘリコプターを使用するHVBSS（Helicopter Visit, Board, Search, and Seizure）という資格制度を設けている。乾舷が高い容疑船舶に対しては、搭載艇RHIBでは移乗に時間がかかり、またVBSSチームがその間に危険にさらされることもあるという懸念から、ヘリコプターを使用するアイデアがでたのだ。アメリカでも水上戦闘艦のVBSSは艦内でその都度編成され、さらにHVBSSにはヘリコプターからの降下技術の資格取得が必要である。最近ではHVBSS任務を爆発物・危険物を取り扱う地上部隊のEODMU（Explosive Ordnance Disposal

SECTION I 「いずも」型の概要

容疑船内では、相手が武装している可能性もあるため、ドアや階段、曲がり角など要所で、隊員らがフォーメーションを組み直して周辺を警戒する必要があり、多くの船内環境で訓練が必要

腿に装着するタイプの9mm拳銃用ホルスターや着用する立入検査服装、立入検査用防弾衣という名称の防弾ベストなど、立検隊には専用の装備が支給される

Mobile Unit)にさせており、空母打撃群から単独行動の駆逐艦やLCSまで任務や展開先に応じて柔軟に編成され派遣される。臨検の任務が生じたときは艦付きのVBSSチームがRHIBで、EODMUはヘリコプターで連携しながら移乗するようにしているのだ。また、揚陸艦艇が海兵隊のMEUを乗せているときはMEUもHVBSS任務を行うようだ。アメリカ海軍のこうした動きから海上自衛隊も将来は「いずも」型や「ひゅうが」型護衛艦に派遣されたEOD（水中処分隊）や、小銃の扱いに長け、ラペリング降下やファストロープ降下を日ごろから普通に行う陸上自衛隊普通科部隊がHVBSSを行い、護衛艦付き立入検査隊がRHIBを使って支援するようになるかもしれない。

135

上陸後の陸地の環境と、屋内の艦内とでは訓練環境がまったく異なり、そのため乗艦前に十分な屋外訓練が必要となる

ⅩⅢ 「いずも」に乗艦する陸上自衛隊水陸機動団

　インド太平洋方面派遣訓練IPD19から、陸上自衛隊水陸機動団が「いずも」に乗艦して研修を行っている。海上自衛隊との共同訓練が目的ではなく、「いずも」に乗艦して、護衛艦内における艦艇での生活や訓練環境を調べるなどの調査や研修が目的だ。

　水陸機動団は陸上自衛隊陸上総隊の隷下部隊で、相浦駐屯地に駐屯。日本初の水陸両用戦の先任部隊のため「日本版海兵隊」などと呼ばれることもある。2018年に編成されたが、前身の2002年創設の西部方面普通科連隊（通称「西普連」）はアメリカ本土でアメリカ海兵隊から偵察潜入、爆撃誘導などの技術を学んでいる。

　水陸機動団が「いずも」に乗艦するのは、かぎられた訓練環境である洋上の艦艇の中でいかに能力の維持を行うかが1つの目的。過去のアメリカ軍の実戦を鑑みてもわかるとおり、海兵隊は大勢の隊員と必要な武器、資機材、車両などを港で搭載後、数週間も洋上で待機し来るべき上陸の日に備える。しかし、この洋上での待機期間は上陸作戦で全能力を発揮しなければならない隊員にとって体力が低下し、射撃の練度も下がることが調査で明らかになっている。

　「いずも」艦内にはトレーニング・マシーンを置いたジムがあり、飛行甲板にでられるときはマラソンなど基礎体力を維持するための方法はいくらでもある。しかし、戦術的な訓練は航空機格納庫の空間を使うしかない。陣形の訓練や救護の訓練、天井から降ろしたファストロープの訓練などしかできないようだ。一方、艦内の通路や区画を使った閉所での戦闘訓練、扉を使ったエントリーの訓練はいくらでもできるというメリットがある。

　自衛隊発足以来、陸上自衛隊は海上自衛隊の輸送艦に乗艦し揚陸の訓

SECTION I 「いずも」型の概要

上陸後の陸地の環境と、屋内の艦内とでは訓練環境がまったく異なり、そのため乗艦前に十分な屋外訓練が必要となる

陸上自衛隊員にとって屋内の環境を活かしたCQBの訓練は有効だ。艦内には多くの閉鎖空間があり、CQB訓練に適している

練や国内の災害派遣などで実任務を行ってきた。1992年には初めてPKOとして輸送艦でカンボジアまでの長期航海を経験し、陸上自衛隊部隊が護衛艦に乗艦して実任務を行ったケースでは、2004年スマトラ沖地震津波災害で護衛艦「くらま」に乗艦し派遣されている。また、演習では2013年の派米訓練ドーンブリッツ2013で護衛艦「ひゅうが」に水陸機動団の前身である西部方面普通科連隊が乗艦している。

なお、防衛省は陸海空統合運用の「自衛隊海上輸送群」(仮称)を呉基地に新編する計画があり、すでにLSV1隻とLCU3隻の予算が決まっている。艦艇の運用は陸上自衛官が行い、おもに陸上自衛隊の人員や車両を輸送することになる。すでに海上自衛隊の術科学校で陸自隊員が艦船の運航に必要な知識・技術を学んでおり、実際に「おおすみ」型輸送艦、「うらが」型掃海母艦で訓練を受けている。

XIV 搭載車両

艦上航空機牽引車（STT50）

F-35BやMV-22を牽引するための牽引車。アメリカの空母や強襲揚陸艦では正式名A/S32A-49、通称STTと呼ばれている。最小旋回半径3.38m。小型に見えるが重量は21,600lb（約10トン）ある

艦載救難作業車（P-25J）

飛行甲板で発着艦作業がある際に、航空機事故を想定して、消化と乗員救助を行う車両。泡消火材と水を混ぜて放水する

SECTION I 「いずも」型の概要

艦上航空機牽引車（STT50）

物資の積み下ろしなどに使用するためのクレーン車。つり上げ荷重25トン

3トン牽引車（航空機用）（3TD35）

最大牽引力3,500kgfのヘリコプター牽引車。車両重量5,540kg。陸上の航空基地や空港で使用されている車種と同じ

高所作業車（SP12CSN）

おもに格納庫内においてヘリコプターのローターやトランスミッションなどで整備を行う際やエンジン交換時などに使用する。最大積載荷重250kg、最大地上高12m

139

フォークリフト

定格荷重3トンのフォークリフト。民生品と同等の仕様で視認性を高めるために黄色塗装が施されている

艦上清掃用車両（M20）

車体下の1,020mmメインブラシによるスイープとスクラブにより、飛行甲板と格納庫を清掃する

ヘリコプター牽引装置

ハンドラーと呼ばれるリモコン式のヘリコプター牽引装置。ヘリコプターの尾輪ホイールに、マトリックス・ユニットを挟み込み、コントローラーで操縦する

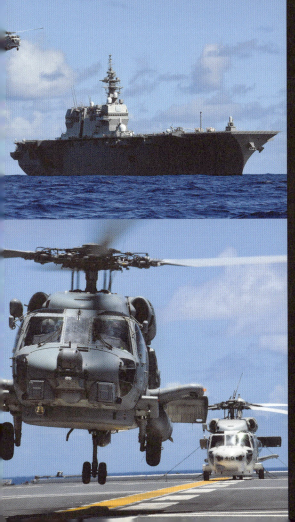

SECTION II

JS Izumo & Kaga

「いずも」型の航空機運用

JS Izumo & Kaga

2022年の海上自衛隊観艦式に参加する「いずも」と「ひゅうが」。観艦式は国内外に海上自衛隊の「力」を示す機会

I 日本にヘリコプター・キャリアーが 4隻も必要な理由

　部内では「いずも」型護衛艦は航空中枢艦という位置づけだ。航空機による作戦を中心とする艦、すなわち航空母艦の役割である。航空中枢艦は船体も大きく海軍力を示すには最適な軍艦であり、世界中の海軍であこがれる艦種である。しかし、その本質的な理由は広範囲な海域を継続的に哨戒できるからにほかならない。多くの海軍で継続的な対潜哨戒を完成させるには装備の構築に多額の費用がかかり、またノウハウを得るためには年月もかかる。ましてや1個飛行隊の哨戒ヘリコプターを1隻に載せるなど、世界でもかぎられた国しか達成していない。

　日本における対潜哨戒機の運用は歴史が古く、海軍が「東海」「九六式陸上攻撃機」を対潜哨戒機として運用し、海上自衛隊は創設直後に対潜哨戒機を装備することから始めた。同じように第二次世界大戦中から対潜哨戒機を運用していたイギリス、オーストラリア、カナダなど一部の英国連邦では空軍が哨戒機を運用している。洋上哨戒機を海軍が運用するか空軍が運用するかは搭乗員の教育シラバスによることもあるが、軍の対潜戦ドクトリンも少なからず影響している。どちらが優れているかということは一概にはいえないが、日本は海軍が洋上哨戒を始め、戦後

は海上自衛隊も受け継いでいる。日本も含めて海洋国家の戦後の基本的な対潜戦はアメリカ海軍にならうが、特に日本はアメリカが進める対潜ヘリコプターを艦上に、あわせて陸上哨戒機を運用する戦略をおおいに研究し、それを具現化することに成功している。先進国の海軍も日米の対潜戦に必要な装備や運用形態の採用を相次いでいる。

　ただ、日本は他国と違い経済的活動や調査活動について管轄権をもつ広大な排他的経済水域（EEZ）を抱え、各国の海軍より多くのヘリコプター搭載艦を装備する必要があった。その面積はカナダやニュージー

SECTION II 「いずも」型の航空機運用

アメリカ海軍対潜空母アンティータム（CVS 36）。対潜戦に特化した空母で、対潜空母（CVS）と呼ばれた。今日の「いずも」型の本質は対潜空母である（写真：アメリカ海軍）

海上自衛隊は第2次防衛力整備計画にヘリコプター空母を検討し、アメリカ海軍が採用したHSS-2を採用した。写真はHSS-2（8053）

ランドのEEZとほぼ同じ約450万平方キロメートルだが、日本の哨戒機の数はこれらの国の5倍以上をもっている。また広いEEZだけでなく、他国の軍艦が無害通航権を行使できる宗谷海峡、津軽海峡、対馬海峡東水道、対馬海峡西水道、大隅海峡の5つの特定海峡をもつ。これらを監視するために、空水一体の連携がきわめて重要であり、地上基地の固定翼哨戒機と艦載の回転翼哨戒機、そして護衛艦による立体的な作戦が必要になる。ほかの海洋国家と異なり、地勢的に日本は哨戒機と母艦となるヘリコプター・キャリアーを多くもたなければならない宿命といえるのだ。世界で対潜用のヘリコプター・キャリアーを4隻ももっている国は日本以外にない。

143

Ⅱ 敵の潜水艦は海軍兵器の頂点であるという認識

　海軍の常識では潜水艦は海軍兵器で頂点にある。潜水艦は海洋環境に影響される音の伝播特性をうまく利用し、発見されないように水上艦に接近することができる。一方で唯一の強敵ともいえる上空の哨戒機や哨戒ヘリコプターに対しては反撃の手段がなく、被探知されないように深く潜航することで、上空から攻撃の機会を与えないような戦術を採るしかない。潜水艦を探知する技術は潜水艦が発明された直後からいくつも編みだされているが、決定的に潜水艦の行動を封じ込める戦術はかぎられ、それゆえに潜水艦は海軍兵器の頂点であるといえる。

　潜水艦が発明された直後の第一次世界大戦中には、すでにドイツの潜水艦を発見するためにハイドロフォンが使用され、潜水艦が発する音を集めて位置を割りだすパッシブ方式による潜水艦探知の方法は確立していた。1916年にイギリス海軍の対潜トロール船チェリオが、ハイドロフォンによって潜航中のドイツ帝国海軍潜水艦UC-3を探知し、金属ネットを絡ませて沈め、パッシブ方式による初の潜水艦撃沈に成功している。

　パッシブとは逆にトランスミッターからパルス（「ピン」と呼ばれる）を発信して、潜航する潜水艦にパルスが当たり跳ね返ってくる音で潜水艦を探知するアクティブ方式の探知技術は第二次世界大戦までに開発され、アメリカ海軍は開戦時にすでに

SECTION II 「いずも」型の航空機運用

「しらね」型護衛艦「くらま」（DDH 144）。後部飛行甲板に発着艦スポット1カ所、駐機スポット1カ所を備えていた。艦尾に黄色いVDSが見える。潜水艦を探知するために有効だが、使用中はヘリコプターの発着艦も制限されるなど、使い方が難しい装備だった

冷戦期はソビエト海軍の原子力潜水艦を探知することが海上自衛隊やアメリカ海軍の最重要任務であった。写真は1994年ごろにアメリカ海軍が撮影した艦名不明のロシア海軍ヴィクターIII級原子力攻撃型潜水艦（写真：アメリカ海軍）

QCと呼ばれるソナーをほとんどの駆逐艦に搭載し、日本やドイツの潜水艦探知に威力を発揮した。戦後はアクティブ・ソナーをケーブルで吊り下げる可変深度ソナー（VDS）が開発され、ソナーの深度を変えることで、船底に備わるハル・ソナーに比べて探知できる範囲を広げることができた。「しらね」型ヘリコプター護衛艦ではVDSを搭載して対潜戦を強化した。その一方でVDSは艦尾から曳航するため、速力や機動などに制限がかかり、いざ潜水艦と戦闘になると敵魚雷からの回避に不利な状況を作った。また、アクティブ・ソナーはみずからパルス音をだすため、潜水艦にとっても水上艦の位置を把握できるという欠点があった。つまり、せっかくVDSで敵潜水艦のだいたいの位置を特定しても、上空の哨戒ヘリコプターが魚雷や爆雷で攻撃を開始する前に、潜水艦が母艦に対して魚雷を撃てば、ヘリコプターは母艦に戻ることができない事態になってしまうのである

そのため、現在の水上艦は艦首ソナーや曳航ソナーでパッシブ方式による探知方法が主流となっている。それでもアクティブ方式を使用しなければならない状況は、すでに魚雷発射の準備が完了し、魚雷発射と同時に回避行動する覚悟が必要なときだけだろう。それは「ピン」を受けた敵潜水艦がすぐさま魚雷を発射してくるということを覚悟しなければならない状況だ。

アメリカから供与されたTBM-3SとTBM-3Wのコンビにより潜水艦を探知・攻撃することから海上自衛隊の航空機を使った対潜戦が始まった
（写真：海上自衛隊）

Ⅲ 敵の潜水艦を封じ込めるには上空からしかない

　最近では潜航中の潜水艦が上空の航空機に対して撃墜できる対空ミサイルも実用化されているが、潜水艦にとっては相手の方位も、高度も、速度もわからない状況で撃つ「撃ちっぱなしミサイル」ため、命中しなければ、今度は自分の位置が特定される一か八かの「諸刃の剣」といえる兵器だ。したがって潜水艦の艦長が対空ミサイルを撃つ判断は、「すでに敵艦から位置が見つかり、敵艦が魚雷を撃つ前に魚雷を撃ち、さらに上空からの敵哨戒ヘリコプターから

の攻撃を避ける」といったかぎられた状況しかない。潜水艦に対空ミサイルを搭載していない海上自衛隊のある元潜水艦司令部幕僚は「被探知の意味で潜水艦に対空ミサイルを載せることは考えられない」と話している。つまり、ほとんどの対潜戦の状況では、圧倒的に上空のほうが有利といえる。しかし、哨戒機・哨戒ヘリコプターから潜航する潜水艦を特定することは簡単ではない。
　上空から潜水艦を探知する方法は、潜水艦が発生させる磁場の乱れ

を探知する磁気探知装置（MAD）を使用する方法、パッシブ方式やアクティブ方式のソノブイを多数海面に落とし、探知した音を電波で受信する方法、哨戒ヘリコプターならホバリングして、アクティブ・ソナーを海中に吊るす方法などがある。ソノブイはたくさんの本数が必要で、さらにその解析装置が必要になる。潜水艦探知後は攻撃するための魚雷や対潜爆雷、長時間の対空に必要な燃料タンクも必要なため、哨戒機の大きさは大きいほうが適している。第

1982年からP-3Cが配備され、それまで使用していたP-2Jより格段と対潜能力が高くなる。日本は最大93機のP-3Cを運用した。2003年からは特定防止のために垂直尾翼のマークを消すようになった。写真は2004年1月

ロッキードエレクトラ旅客機をもとに機体設計されたため、機内の居住環境がP-2Jに比べ向上している。また4発機のため、1発のエンジン停止により飛行時間を増やしたり、低速度に対応するなどできるようになった

10名または11名のクルーにより、長いときで6時間以上の潜水艦探知を行う。写真は通信を担当するNAVCOM席

P-3Cは機体下面外部にソノブイシュータが備わるほか、機内からもソノブイを投下できる。写真はソノブイを手動で投下するシーン

SECTION II 「いずも」型の航空機運用

対水上艦戦ではハープーン対艦ミサイルも搭載できる。写真はリムパック2008演習においてハープーンの訓練弾ATM-84を携行してSINKING訓練に臨むP-3C（5097）

二次世界大戦後はヘリコプターが登場し、また空母に潜水艦攻撃専門の哨戒機も搭載されるようになったが、艦載機という特性のため、機体サイズは小型だった。そのため、潜水艦を探知する装備だけを乗せた探知専門の「ハンター」と、探知後に攻撃する魚雷や対潜爆雷を搭載する攻撃専門の「キラー」のコンビによる「ハンター＆キラー」という戦術が編みだされた。AF-2S/Wや、海上自衛隊でも陸上から運用したTBM-3S/Wがその代表例だ。その後、やや大型といえる双発機のS-2にMADやソノブイとともに武器を乗せることができるようになり、空母に搭載され、海上自衛隊でもS2Fとして同機を陸上から運用した。しかし、艦載機による継続した潜水艦の探知・追尾には複数の哨戒機が必要になる一方、対潜空母は潜水艦にとっては、優先すべき攻撃目標となるため、有効な編成とはいいがたい。また敵の対艦ミサイル搭載爆撃機や巡航ミサイルによる飽和攻撃に脆弱である。

陸上運用の大型機が潜水艦探知に適していることはいうまでもなく、海上自衛隊の哨戒機は多くの機器や武器を搭載できるP-2V、そして長時間対空と居住性を求めてP-3哨戒機、国産のP-1哨戒機へと発展した。P-1やP-3は潜水艦だけでなく、水上目標の探知を目的としたセンサー類や解析装置も搭載できる余裕もできた。そして、その十分なプラットフォームは技術の発達によって進化したセンサー類を搭載できる拡張性をもたらし、現在では対水上レーダーや合成開口レーダーなどのセンサーによって、海面上にわずかに露出した潜水艦の潜望鏡やアンテナ、シュノーケルなどを、探知することができるようになった。

JS Izumo & Kaga

海上自衛隊はアメリカ海軍で使用するSH-3を三菱重工でライセンス生産したHSS-2を導入し、初めて艦載の哨戒ヘリコプターとして運用した。写真は1992年サンディエゴに入港する「くらま」(DDH 144)搭載のHSS-2B (写真：アメリカ海軍)

「しらね」に着艦するHSS-2B (8142)。国産の捜索レーダーを搭載し、初めて戦術情報処理装置が搭載され、MADも搭載され戦術の幅が広がった

Ⅳ HSによる対潜戦の確立

　陸上基地の固定翼哨戒機に対して、護衛艦搭載の哨戒ヘリコプターは多くの機材を搭載できないが、固定翼機より海面に近く飛行でき、またホバリングできる点でアドバンテージがある。「いずも」型の本質的な役割は哨戒ヘリコプターの運用である。

　哨戒ヘリコプターの運用コンセプトは、「ひゅうが」型護衛艦が登場する前までは護衛艦の武器システムの1つとして取り扱っていた。部内で搭載機をHS (ヘリコプター・システム) と呼ばれているのはその名残だ。

　対潜戦においては護衛艦に搭載されるソナーやアスロック対潜ロケット、魚雷などの対潜装備の1つとして、空からもソナー、魚雷、対潜爆弾を投射できる艦載システムという扱いだった。これはアメリカ海軍の水上戦闘艦の装備システムと同じコンセプトをならったものだ。このコンセプトにより汎用護衛艦1隻に1機、ヘリコプター護衛艦に3機の対潜ヘ

リコプターを載せ、1個護衛隊8隻に8機の対潜ヘリコプターを標準とした、いわゆる「八八艦隊」運用方法が採られていた。しかし、「しらね」型「はるな」型に3機の対潜ヘリコプターを搭載して運用することは容易でなく、やがて2機搭載の運用が多くなり、また8隻の護衛艦を同時に運用するより、異なる海域に数隻の護衛艦を多方面で展開させることで、広い面積の海域をカバーする戦術にシフトした。これはHSS-2B対潜

SECTION II 「いずも」型の航空機運用

全通甲板の「ひゅうが」の登場により、ヘリコプターの同時発艦ができるようになり、連続した対潜戦が可能になる

「いずも」に着艦したアメリカ海軍HSM-51のMH-60R (TA03/168102)。アメリカ海軍はSH-60B/Fを改良したMH-60Rを空母と巡洋艦、アーレイバーク級フライトⅡA以降の駆逐艦に搭載している

ヘリコプターからSH-60J、さらにSH-60K哨戒ヘリコプターへと能力が各段に向上したことにより効果的になった。そして「はるな」型DDHの後継艦のコンセプトは、哨戒ヘリコプターのプラットフォーム、つまりは「ヘリコプター・キャリアー（ヘリ空母）」とすることにし、これを受けて建造されたのが「ひゅうが」型護衛艦だった。実はアメリカ海軍でも同様のスキームを採用しており、空母に搭載するヘリコプターの数が5機から6機程度だったところ、この20年で1隻に16機程度と約3倍近く増加している。平時においては空母を守る駆逐艦を減らし、駆逐艦に搭載していたヘリコプターを空母から運用する考え方と、SH-3HからSH-60への能力向上がその理由だ。

かつて、海上自衛隊がHSS-2A/Bを装備していたころ、同機を対潜ヘリコプターと呼んでいたが、現在装備するSH-60J/Kでは哨戒ヘリコプターと称している。今も昔も艦載ヘリコプターの本質的な役割は対潜戦であることには違いないが、今日、艦載ヘリコプターの役割は潜水艦相手だけではなく、小型艦艇に対する対水上戦、特定の艦船・船舶に対する警戒監視、さらには特殊部隊の輸送支援や近接戦闘支援など多岐にわたり、役割は明確に変化した。アメリカ海軍ではH-60系ヘリコプターに対潜戦を主にしたMH-60R、救難任務を主にしたMH-60Sに分け、両機種とも対水上戦や警戒監視任務ができるように体制を変化させた。海上自衛隊でのSH-60J/Kは機内の仕様を任務にあわせて変更することで対応しているが、艦隊行動における艦載ヘリコプターの役割は自衛艦隊もアメリカの空母打撃群もほぼ同じスキームといえる。

151

固定翼哨戒機も自衛艦隊麾下の航空集団の航空隊に所属し、自衛艦隊司令部の作戦に使用される。写真はP-1哨戒機にハープーン対艦ミサイルを搭載するシーン

航空集団の所属する航空隊のうち、P-3Cを装備する第2、第5航空隊はジブチの自衛隊拠点における派遣海賊対処行動航空隊（DAPE）にP-3Cを派遣している

V 航空集団の役割

　海上自衛隊の哨戒機は自衛艦隊の隷下にある航空集団の部隊に所属し、隷下部隊は装備する航空機の役割で分類されている。1桁の番号をもつ航空群はP-3CやP-1哨戒機を装備しており、鹿屋基地の第1航空群、八戸基地の第2航空群、厚木基地の第4航空群、那覇基地の第5航空群の4個の航空群があり、各航空群には1個航空隊があり、各航空隊はそれぞれ2個の飛行隊から編成されている。

　SH-60J/K哨戒ヘリコプターの部隊は護衛艦への搭載が前提になっているので、固定翼部隊とは少し異なり航空群の直下に航空隊がある。航空群は20番代の二桁の番号をもち、館山基地に司令部を置く第21航空群には、館山基地の第21航空隊、舞鶴基地の第23航空隊、大湊基地の第25航空隊がある。一方、大村基地に司令部を置く第22航空群は、大村基地の第22航空隊、小松島基地の第24航空隊が所属する。かつて陸上の対潜ヘリコプター基地だった小松島基地を除けば、各航空隊は護衛艦の基地の近くにあることが特徴だ。

　航空集団が自衛艦隊の下に位置していることからもわかるように、航空集団の本質的な役割は自衛艦隊司令部が立案した作戦に部隊を提供することにある。機体やクルーを作戦に使う「ユーザー」が自衛艦隊となり、その機体やクルーを提供する

SECTION II 「いずも」型の航空機運用

派遣海賊対処行動水上部隊（DSPE）の護衛艦にはHS航空隊から選ばれたSH-60J/Kが搭載されている。写真はジブチ港を出港する「ゆうぎり」。格納庫からSH-60Jが見える

ミサイル護衛艦「はぐろ」（DDG180）に搭載される第22航空隊派遣航空隊のSH-60K（8447）。HS航空隊はDDHやDDだけでなく、DDGに派遣することもある。「はぐろ」はHS運用能力がある

「プロバイダー」が航空集団ということになる。自衛艦隊司令部は作戦を組み立て、目的の海域に哨戒機が必要な場合、P-1やP-3Cなどを任務で飛ばすように航空集団・航空群に指示をだし、各航空群は各航空隊に自衛艦隊司令部からのオーダーを受けて任務飛行を行うことになる。SH-60J/K哨戒ヘリコプターの場合も同様に、自衛艦隊司令部が護衛艦隊司令部に任務をオーダーすると同時に航空集団司令部には護衛艦に搭載するSH-60J/Kの派遣をオーダーする。

このように航空集団司令部は自衛艦隊司令部の作戦にいつでも応えられるように準備する必要がある。そのために各航空隊の練度を上げ、また機体の状態を維持するため整備を行う体制を採り、いずれ自衛艦隊司令部から下令される護衛艦の派遣、警戒監視任務、情報収集任務、あるいは海外派遣、人道支援・災害派遣などの実任務に備えているのだ。

SH-60Jの外観はSH-60Bとほぼ同じ。HSS-2と比べてキャビン内容積は少ないが、センサー類、リンクの性能や機体制御などが格段に向上している

Ⅵ 「いずも」に搭載される哨戒ヘリコプター ― SH-60J哨戒ヘリコプター

　海上自衛隊が装備する哨戒ヘリコプターSH-60JとSH-60Kはともに「いずも」型に搭載でき、「いずも」の主力装備である。SH-60Jの導入は1991年。すでに退役が始まり2022年末現在は第21航空隊にわずかに残る程度で、順次SH-60Kに更新している。

　「はるな」型「しらね」型DDHをはじめとする護衛艦搭載の対潜ヘリコプターHSS-2Bの後継機として、1979年から次期回転翼哨戒機（SH-X）の検討が進められた。すでにアメリカ海軍が導入を始めていたSH-60BとSH-60F哨戒ヘリコプターは、シコルスキー社が開発したUH-60Aブラックホーク汎用輸送ヘリコプターを、海軍の要求にあわせて艦上哨戒機に

した機体。日本はこのSH-60BおよびSH-60Fシーホークをベースに三菱重工がライセンス生産した。HSS-2Bは緊急時に海面でディッチングできるよう機体が舟形をしており、そのおかげでキャビンが広いのでクルーの居住性はいい。一方でSH-60Jは機体のサイズがHSS-2Bより小型で居住性を犠牲にした一方で、機能を充実させ基本性能は上回る。

　HSS2-Bでは一方送信しかできなかったデータリンクは護衛艦と相互方向でリンクでき、大型の水上レーダーやFLIR（赤外線前方監視装置）が備わったため哨戒能力が格段に向上している。ベースとなったSH-60Bはソノブイ・ランチャーが25基備わっている一方、SH-60Fはディッピ

ング・ソナーを備える。SH-60Jはその両方を搭載できるようにした。ソノブイ・ランチャーはHSS-2Bの12基から25基に増加、ディッピング・ソナーは国産のHQS-103を搭載。レーダーはHPS-104、また逆探装置のHLR-108も国産である。磁気探知機はHSS-2Bと同じ型式のバージョンアップであるAN/ASQ-81（V）4を搭載した。

　戦術面でHSS-2Bと決定的に異なるのはこれらのセンサーを統合して表示するHCDS（戦術情報処理表示装置）と、さらにはこの情報をHS-LINKにより護衛艦の戦術情報処理装置（CDS）に送ることができ、護衛艦と効果的な対潜戦ができるようになったこと。特に燃料を十分に搭載

SECTION Ⅱ 「いずも」型の航空機運用

護衛艦「ひえい」艦上のSH-60J（8251）。機種両面にある黒い円形は電波逆探知装置（ESM）

護衛艦「いせ」艦上のSH-60J（8299）。機種下面の大きな円盤状のフェアリング内には対水上レーダーが備わる

機体右側に備わる磁気探知機（MAD）。水中の潜水艦の存在を地磁気の乱れから探知する装置

護衛艦「いなづま」(DD 105)の格納庫に2機搭載されるSH-60J (8222と8227)

「いなづま」は汎用護衛艦のため最大積載は2機だが、搭載数は1機であるため移送軌条も1本。機体を格納庫右側に格納する際は手動で押すことになる

した機体は、重量のあるディッピング・ソナーに加え、ソノブイ、マーカー投下機など機体重量が増え、効果的に潜水艦を追い詰めるには魚雷や爆雷を搭載した別のSH-60Jを用意する必要がある。そのため護衛艦では戦況に応じて機体を準備する必要があり、進出した各任務機との情報共有は不可欠になっている。

また、搭載する武器の重量と任務の内容にあわせて、ディッピング・ソナーを下ろしたり、座席のアレンジを変えるなど、キャビンのコンフィギュレーションを変えて運用している。

103機のSH-60Jのうちの8201号機から8270号機および8284号機の71機は護衛艦に搭載する艦載型として生産され、8271号機から8283号機、8285機から8303号機の32機は大湊基地と小松島基地に配備される陸上配備型として生産された。

陸上配備型はソノブイ・ランチャーを備えていない一方でFLIRを右パイロンに備えており、8285機よりあとの機体は左パイロンに増槽タンクを備えることもできる。

SECTION II 「いずも」型の航空機運用

「かが」に搭載されたSH-60J(8272)

「ひゅうが」にカーゴスリングを使用して物資を輸送するSH-60J(8289)

　艦載型、陸上型ともに近代化改修でミサイル警報装置、チャフ・フレアディスペンサーなどを備えたほか、右キャビンドア付近に不審船や海賊船に対処するための7.62mm機関銃を取りつけることができる。2023年現在残っているSH-60Jは機齢延長の改修が行われている。

SH-60KはSH-60Jよりキャビン内の容積を増やしたため、居住性が向上している。外観でも全高が高くなっていることがわかる

SH-60K哨戒ヘリコプター

　SH-60Kは三菱重工がSH-60Jをベースに独自技術を用いて開発した機体。哨戒ヘリコプターの候補は、ほかにNH90、EH101、S-92があったが、SH-60Jの改造案が採用された。哨戒型S-92は実用化されておらず、NH90とEH101はすでに欧州で哨戒機として採用されているものの、いずれも機体サイズは一部の護衛艦にはやや大きかった。一方でアメリカ海軍はSH-60B/Fのアップグレード・バージョンとなるMH-60Rを後継機に選択しており、日本はSH-60シリーズの艦載哨戒ヘリコプターの完成度の高さから、既存のSH-60Jを改造し、搭載量や航続時間、居住性を追求した国産機の開発を選択した。

　1997年に開発が始まり、2機のSH-60Jを改造しXSH-60Kとして試験を実施。機体はSH-60Jよりキャビンが長さ30cm、高さ15cm拡大し、床面積が1平方メートル広い3.1平方メートルに増加したため、居住性とキャビン内積載能力が向上している。対潜装備を降ろすことで人員・輸送任務ではロードマスター席以外に最大8名分のトループシートを設置できる。

　エンジンはSH-60Jより250hp増加したT700-IHI-401C2を採用し、ホバリング性能、空力特性を向上させるために翼端に上下反角をもつ独特な形状の複合材とケブラーを多用したメインローターブレードを採用しているので、SH-60Jと外観が異なり見分けは容易につく。

　戦術面ではSH-60JのHCDSを発展させたHYQ-2B戦術情報処理表示装置AHCDSを搭載している。高度なマン・マシーンシステムによる解析により最適な戦術プランがコックピット中央の15インチディスプレイに表示され、クルーの労力を削減することができた。またこの戦術情報をデータリンクによって僚機にも共有できる機能を有し、複数のSH-60Kで連携した戦闘や、哨戒の引き継ぎなどがSH-60Jより格段とスムーズになっている。

　着艦時にパイロットの労力軽減に貢献するのは着艦誘導支援装置。Ship Landing Assist Systemを略してSLASと表記し、「スラス」と読む。スラスは夜間や悪天候の狭視界時の着艦時にパイロットの負荷を軽減す

SECTION Ⅱ 「いずも」型の航空機運用

護衛艦「しらぬい」に着艦するSH-60K（8436）

SH-60Kのコックピットは6面のCRTを使用し、任意で情報表示を切り替えることができる。また、荒天時の汎用護衛艦への着艦では自動着艦装置（SLAS）を使用できることが特徴

機体右側パイロンにMk46魚雷の模擬弾である擬製魚雷Mk46型を搭載した状況

AGM-114Mヘルファイア II 対艦ミサイル（イナート弾）の搭載状況。対空火器のない小型艦船などに対する対艦ミサイル。最大射程は約8km。M299ランチャーを2連でつなげて2発を搭載できる

るために使用する。機体前方右側に備わる赤外線センサーと護衛艦の格納庫右舷側に備わる送受波装置が双方向で信号を交換し、安全に自動な母艦への誘導および着艦が行える。SLASはフリーデッキの着艦しかできない「いずも」型「ひゅうが」型では必要がないが、海象に影響されやすい汎用護衛艦では悪天候時の着艦に有効な装備となっている。

　機体前方の下面には対水上戦、警戒監視任務のための対水上レーダーHPS-105B、逆合成開口レーダー（ISAR）、機首にはAGM-114ヘルファイア対艦ミサイルのターゲティングにも使用できる赤外線監視カメラ AN/AAS-44 FLIRが備わる。

　対潜戦装備はキャビン内にHQS-104アクティブ・ソナーを収容し、低空ホバリング状態で機体下面から吊り下げる。またキャビン内に備わるソノブイ発射装置を機体左側側面から射出できる。機体右側後部には地磁気の変化から潜水艦の存在を確認できるAN/ASQ-81磁気探知機（MAD）が備わる。潜水艦の攻撃に使用する武器はMk.46魚雷、97式魚雷、対潜爆弾を携行できる。

　2005年8月10日に最初のSH-60K量産型が引き渡され、SH-60Jは随時更新されたが、SH-60Kの導入ペースが遅かったため、機齢延伸措置を行ったSH-60Jより初期のSH-60Kが先に退役する状況が生まれているが、運用に不足がないように搭載先や派遣先などのバランスを取っている。

SECTION Ⅱ 「いずも」型の航空機運用

1999年の能登半島沖不審船以降、対小型船舶用に搭載されるようになった74式7.62mm機関銃。機体右側キャビンのフレームに取りつけ、キャビンドアを開いて射撃する

用途に応じた各種の7.62mm弾を使用し、発射速度は毎分約700発。重量は20kg

74式7.62mm機関銃を搭載したSH-60K(3438)

SH-60Lの原型機であるXSH-60L（8501）。（写真：鈴崎利治）

SH-60L哨戒ヘリコプター

近い将来に「いずも」型に搭載される新しい哨戒ヘリコプターがSH-60L。機種名からわかるようにSH-60Kをベースとした能力向上型として三菱重工と防衛省が開発している。2021年度から2022年度にかけて2機の飛行試験機（XSH-60L）を使用して飛行試験を実施しており、2023年中に開発を終える予定。外観、寸法、エンジンなどはSH-60Kと同じだが、搭載機器が大幅に向上している。

新しい技術のマルチスタティック・ソナーシステムを搭載したディッピング・ソナーが搭載されている点がSH-60Kと大きく異なる。従来、ディッピング・ソナーによるアクティブ探知は、1機の対潜ヘリコプターがソナーの送信部から送信した音波が潜水艦に当たり、反射波は同じソナーの受信部に戻ってくるモノスタティック方式のソナーとなっている。SH-60Lではこの反射波を離れた場所を飛ぶ別のSH-60Lのディッピング・ソナーでも受信できるようにしたのがマルチスタティック方式のソナーである。

ソナーは複数の送信部と受信部で構成され、ソナー本体の下部に伸縮式の低周波送受波器、ソナー上部に展開式の低周波受波器が備わり、この上部の受波器を使用してマルチスタティックで受信する。すでに「あさひ」型護衛艦ではマルチスタティック方式の送受信が行われており、対潜ヘリコプターでの実用化は世界初となる。また高周波送受波器を使用して受信したエコーを画像化してモニター上に撮像した物体の三次元画像を表示できる。対象物に対して複数方向から音波を当てることになるので、ディッピング・ソナーを上下したり前後左右に振ったりして角度をつけるなど、これまでのディッピング・ソナーの運用とは異なる動作が必要になるようだ。

こうしてソナーやセンサーで得られた情報を僚機、護衛艦、地上基地に伝送するデータリンクは新技術の適応制御ミリ波超高速通信システム（クリック・システム）を使用する。窒化ガリウム素子のアレイを並べたアクティブ・フェイズド・アレイ・アンテナを使って高速大容量の送受信が可能なミリ波帯を使い送受信する。アクティブ・フェイズド・アレイ・アンテナ本体は板状のアンテナを円錐台の側面に複数貼られた形状をしており、テールブームの下に備わる。

SH-60Lは2024年までに6機を調達する予定で、将来的にはSH-60Kを更新していくことになるとされる。

SECTION Ⅱ 「いずも」型の航空機運用

試験中のSH-60L（8502）。SH-60Kと60％以上の共通があり、外観はSH-60Kと見分けがつかない（写真：海上自衛隊）

SH-60Kのソナーより、浅い海域での能力を向上した新型の吊下式ソナー
（写真：鈴崎利治）

SH-60KよりCRTを1枚減らし、デュアルコックピット化された
（写真：鈴崎利治）

163

「いずも」整備格納庫でSH-60Kに搭載されたHQS-104ディッピング・ソナーを整備するシーン

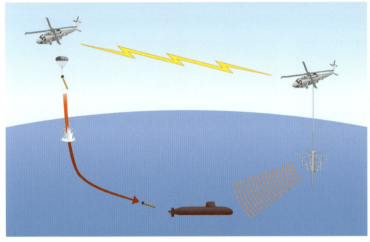

ディピングソナーを使った潜水艦探知

敵潜水艦を探知するもっとも適した方法は、ヘリコプターの機内に搭載された吊り下げ式ソナーを海中に降ろし、潜水艦の音を探知する方法。ディピングソナーからセンサーを全周囲に展張し、潜水艦の音をパッシブで受信でき、これにより潜水艦がいる方向を特定できる。距離は正確に検出できないが、受信の強弱などでおおまかな距離は予測できるとされるが、ソナーの能力によるところが大きいようだ。デッピングソナーのもう1つの特徴はアクティブでみずからの音波を潜水艦に当てることができ、跳ね返ってきた音波により位置の確度が向上する。しかし、潜水艦側はその音波でヘリコプターの存在を知ることができ、潜水艦の種類によっては撃ちっぱなしの対空ミサイルで攻撃できる。ヘリコプター側はそれを防ぐために、魚雷をすぐに撃つ必要がある。
魚雷の航続距離は数キロメートルしかなく、潜水艦が深度を変えると次々に射点を変えて撃つ必要もある。そして潜水艦が、魚雷が届かない海底に着底すると、ヘリコプターは潜水艦を見失い、周辺を爆雷で爆撃するしかない。

Ⅶ HSによる対潜戦

SH-60J/Kが潜水艦探知に使うセンサーはソノブイと、ディッピング・ソナー、磁気探知の3種類がある。ソノブイはSH-60J/Kの機体左側面から海中に投下され、本体は海中に沈みワイヤーでつながったアンテナ部は海面に露出する。いくつかあるソノブイのうちDIFARソノブイは、みずからは音波を発信しないパッシブ方式のブイで、指向性受波器とコンパスで敵潜水艦の方位を検出できる。SH-60J/KからこのDIFARを一定の距離間隔で次々に投下し、「ソノブイ・バリアー」と呼ばれる潜水艦包囲網を構築する。そして、さらに正確な位置を知るために、みずから音波を発信するアクティブ式ソノブイのDICASSソノブイを投下する。DICASSソノブイはパルスの種類や発信間隔などを上空から管制でき、敵潜水艦が移動していれば、ソノブ

SECTION II 「いずも」型の航空機運用

ソノブイを使った潜水艦探知

ソノブイを使った潜水艦探知は対潜戦の基本。潜水艦を探知したい海域の広範囲に複数のソノブイを海中に設置する、ソノブイバリアーを構築することで、バリアー内にいる、もしくは入る潜水艦の位置を特定する。ソノブイは投下前に深度を設定し、海面に着水すると、アンテナフロートが水面に残り、沈む本体からスリーブが滑り落ち、本体のケーブルは事前に設定した深度の長さで止まり、本体のセンサーアンテナが、傘の骨組みのように開く。複数のソノブイがほぼ同時に潜水艦の音を探知するので、確度の高い位置を知る事ができる。通常はパッシブで使用するソノブイだが、DICASSソナーはアクティブ音波をだすことができ、機上から操作できる。これにより、相手潜水艦の位置をほぼ特定しできる。ソノブイは作動する時間が限られており、効果的な対潜戦を継続するには、連続したソノブイバリアーの構築が必要になる。そのためにも「いずも」のような全通甲板型の対潜プラットフォームが必要なのである。

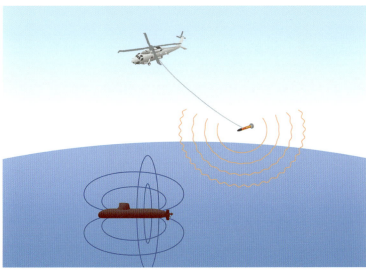

磁気探知装置を使用した潜水艦探知

ヘリコプターの存在を知ることなく、敵潜水艦の位置を特定できる装置が、磁気探知装置MADを使った対潜戦である。地球の磁場を利用して、巨大な鉄の塊である潜水艦が起こすわずかな磁場の乱れを、ヘリコプターから曳航する磁気探知装置MADを使って検出する。曳航する必要があるのは自機の金属や電子機器の干渉を減らすためである。ただ、探知距離は狭いとされ、自機の位置と潜水艦の位置が近いことで検出できる。潜水艦が深い深度にいる時は検出が難しい。そのため、ソノブイと併用するなどして複合的に対潜戦を行う。なお、潜水艦側のソナーは、海面の低いところで飛行する音やヘリコプター巻き起こすダウンウォッシュの音を検知でき、MADを使用しているときに被探知される可能性がある。撃ちっぱなし式の対空ミサイルをもつ潜水艦もあるだけに、上空とはいえ安心できない。

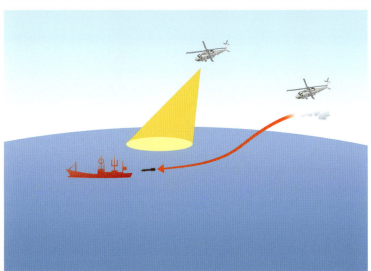

警戒監視と対水上戦

警戒監視の基本でもある、対象船舶・艦船を識別することを「艦型識別」や「ID」と呼び、対象の艦種を識別することが、ヘリコプターがどこまで対象に接近できるか判断する基準になる。対空ミサイルを装備している場合はその射程内に入ることはできない。また対象が軍艦ではなく工作船のような民間船舶に偽装した船舶では携帯式対空ミサイルの可能性もあり、機首に装備するFLIRなどの監視カメラで対象船舶の甲板上、乗員の行動を確認する必要がある。対象船舶を攻撃し、航行不能にする作戦であれば、ヘルファイアなどの対艦ミサイルが有効だが、平時において相手船を停船させて、船舶立入検査を行う任務であれば、警告射撃ができる12.7mm機関銃などで対応する。

165

アメリカ海軍のMH-60Rからディッピング・ソナーを降ろす様子。着水後、センサーアンテナが全周に展張し、パッシブで潜水艦の音を取るほか、アクティブでも探知できる。その場合、敵潜水艦はヘリコプターの位置を確定するので、対空ミサイルを搭載していない潜水艦にかぎる（写真：アメリカ海軍）

米海軍のSH-60Fにソノブイを搭載する様子。ソノブイは水中に落下後、設定した深度でセンサー部が開くことで音を収集し、海面に浮いているアンテナが上空の機体にデータを送る

イ・バリアーに潜水艦が発する音が次々引っかかり、潜水艦の位置や進路・速力を算出し、潜水艦の大まかな位置を特定できるのだ。さらにSH-60J/Kの胴体下面から送受波器または受波器を水中に吊り下げて使用するアクティブ式のディッピング・ソナーもある。SH-60JはHQS-103、SH-60KはHQS-104ディッピング・ソナーを装備し、ホバリングしながら吊り下げたソナーは水中で受信部が傘のように横方向に開き、筒状の送信部を下方向に伸ばすことで音波を発射。敵潜水艦から跳ね返ってきた音波を測定する。こうしたアクティブ式ソナーはかなりの確度で潜水艦の位置を測定できるが、みずから音波を発信するので敵潜水艦にとっては、近傍にソナーが落とされて、上空の哨戒機の存在を知られることになる。ソナー以外では「MAD」と呼ばれる磁気探知装置による探知方法もある。SH-60J/KからMADを空中に曳航することで、海中の金属塊が発生させる磁場の乱れによる現象を利用した探知方法。装置は海面に浸けず、電波の類もださないので潜水

SECTION Ⅱ 「いずも」型の航空機運用

SH-60Kのソノブイ・ランチャー本体が降ろされている状態

SH-60KのMADシステムの曳航体。機体からワイヤーで繰りだされ、曳航体内部にある磁気探知装置で水中の潜水艦を探知する

艦に存在を知られることなく使用することができる。

　この一連の対潜戦術には多くのソノブイが必要になるが、P-3CやP-1のような固定翼哨戒機は、ソノブイ・ランチャーに装填したソノブイを使い切っても、機内のラックに準備したソノブイを乗員が手動で投下できるが、SH-60J/Kはそれができない。そのためソノブイ・バリアーの構築や、探知した潜水艦を見失わないように継続して飛ばすには何機が必要になるのか、さらに攻撃準備するならばミッション機には爆雷を搭載するのか、魚雷を搭載するのかなど必要な機数を計画し、これに不具合発生機のミッション・アボートを想定した予備機を加えた機数をそろえ、計画的に発艦、ミッション、着艦、のサイクルを計画する必要がある。かつて「はるな」型「しらね」型DDHと汎用護衛艦DDにHSS-2BやSH-60Jを分散して搭載していたことを鑑みると、「ひゅうが」型や「いずも」型DDHの登場で、飛躍的な対潜戦能力の向上がもたらされたことがうかがいしれる。

SH-60Kからヘルファイア対艦ミサイルを発射するシーン。同ミサイルはもとは戦闘ヘリコプターに搭載する対戦車ミサイル（写真：海上自衛隊）

Ⅷ HSによる対水上戦、警戒監視

　SH-60J/Kの主任務は対潜戦であるが、対水上戦や洋上哨戒、警戒・監視、特殊作戦支援の任務もある。対潜空母といっても過言ではない「いずも」型に、対水上戦の役割が与えられるかどうかは未知数ではあるが、乗艦する飛行隊は日ごろから対水上戦のための訓練を重ねている。SH-60J/Kで対艦攻撃を行うには、対象となる艦船に対空ミサイルを備えていないことが絶対条件となる。相手も対空ミサイルをもたない揚陸艦などが護衛をつけずに単独でいるケースは少ないが、射程数kmの近接防空機関銃程度しか備えていない補給艦や哨戒艇程度であれば、SH-60J/Kのヘルファイア対艦ミサイルは有効な武器だ。すでに述べたように相手艦船が対空ミサイルを装備しているかどうかの判断も、それはSH-60J/Kのセンサーで行う必要がある。SH-60J/Kは対水上レーダーを機体の下に装備しており、飛行高度によって探知できる距離は異なるが、水上艦のマストに備わる対水上レーダーよりははるかに遠くの船舶を探知できる。高度3,000フィートを飛行していれば、100kmくらい先でも船舶を検出できる。ただし、それが目標とする敵艦かどうかは、機種に備わる赤外線・光学センサーが機能する距離まで近づかなければならない。相手の対空レーダーにかからないよう高度を落として接近し、撮像した映像をもとに艦型識別を行い、データに照合して攻撃目標かどうかを判断し、目標とする艦であれば対艦ミサイルを撃てる位置まで接近し、僚機があるのなら連携しながら攻撃態勢に入ることになる。

　こうした対艦攻撃が行われるときはすでに有事の段階にあることになるが、母艦から遠く離れて艦型識別を行うことは毎日のように行われている。「いずも」艦上では日の出前後に「いずも」の針路を中心に周辺海域の状態を確認するSSCという偵察任務がある。周辺船舶の種類や軍艦の艦型識別などがおもな任務だ。特に洋上補給の計画があるときは事前に実施海域まで飛行して船舶の有無

SECTION II 「いずも」型の航空機運用

SH-60Kを使用した負傷者搬送訓練。「いずも」3番スポットに着艦し、弾薬エレベータを使用して艦内の医務室に搬送する

などを確認する。またこれとは別に、かならず即応態勢にある機体も準備している。例としてスポット上でいつでも発艦できる状態にある「即時待機」、搭乗員待機室にクルーが待機し5分以内に発艦できる「5分待機」などがあり、これもおもに艦型識別が必要になった場合などにすぐに発艦できるように待機するものだ。

「いずも」ではまだ行われていないが、汎用護衛艦によるソマリア沖海賊対策派遣に派遣される飛行隊も海賊のボートを見つけるために機首のセンサーやクルーがもつ防振装置つき双眼鏡などで艦型識別と同様の任務を行っている。海賊対策派遣では海賊の被害を受けている船舶に特別警備隊や立入検査隊が乗り込むことを想定しており、SH-60J/Kの右側面に7.62mm機銃を備え上空から近接航空支援ができるようにし、また特別警備隊が対象船舶に降下できるようにファストロープを準備している。

「いずも」型などDDHではまだ派遣はないが、「いずも」型の艦内組織には立入検査隊は編成できるようになっており、船舶立入検査任務が必要な場合は飛行隊も支援できる体制になっている。

このように、「いずも」型に派遣された飛行隊は複数のSH-60J/Kを異なる任務で発艦・着艦させたり、また待機することを広い飛行甲板と、格納庫を使って運用することができる。この能力こそが、航空中枢艦たる「いずも」型の本質的な役割であり、存在意義である。

SH-60Kを使用したヘリコプター救難訓練。航空隊所属の機上救護員がM2スライダー降下器とオレンジ色のスタティックロープを使用して海面に降下するシーン

169

「いずも」の発着管制室の飛行長AIR BOSS（右側）。「エアボス」と呼ばれる飛行長の役割は「いずも」における航空作戦全般。米空母のエアボスとほぼ同じだ

Ⅸ アメリカの空母同様エアボスが指揮を執る発着艦管制

　「いずも」の航空機運用はすべて飛行長（エアボス／AIR BOSS）が責任をもつ。かつての「はるな」型「しらね」型DDHでは飛行長は艦橋に配置され、飛行甲板の発着艦指揮所の中には飛行士がLSO（発着艦管制官）に入り発着艦管制を行っていた。「ひゅうが」と「いせ」が登場すると、飛行長の配置は航空管制室と艦橋のどちらが適しているか検証が続き、その結果「いずも」「かが」は就役時から航空管制室で飛行長が指揮することになった。理由の1つとして、「悪天候時や着艦機が多いときは航空管制室の窓からでも視認しづらいとき

があり、飛行長は艦橋より航空管制室にいるほうが適している。多くの航空機を管理するうえで、飛行長は航空管制室にいるべき」と「いずも」の初代飛行長は語る。なお、アメリカの空母でもエアボスは主飛行管制室（Pri-Fly）で指揮を執る。エアボスは発艦する機体の姿勢と船体の動揺や風向風速に注視し、必要であれば艦橋にいる艦長に進路や速力をリコメンドする。艦長とエアボスの意思疎通を向上させて発着艦をより安全で効率的なものにしている。エアボスは当然パイロット出身だが、艦長もパイロット出身である。これは空

母が航空機の作戦のためにあり、作戦の中心は空母であることを示している。

　「いずも」の本質的な役割が航空機の運用であることは、アメリカの空母の意義が航空機の運用であるのと同じだ。ただし、「いずも」でアメリカの空母のようにパイロット経験者が護衛艦を操艦することは、今はまだ現実的ではなさそうだ。アメリカのヘリコプター・キャリアーである強襲揚陸艦の場合は元パイロットが艦長になることがあるが、かならずしも艦長がパイロット経験者の規定はなく、大型艦艦長経験者であった

SECTION II 「いずも」型の航空機運用

米空母のAIR BOSSは主航空管制室（Pri-Fly）で航空作戦全般を指揮し、艦長と連携して安全に航空機の発着艦を行うこと

パイロットでもある米空母の艦長は艦載機に資格維持や視察などで艦載機に乗機することもある。写真のE-2Dはリムパック2024演習に参加する、空母カールビンソンの艦長が操縦している

りする場合もある。パイロット経験者が艦長の場合は大型艦経験者の副長が操艦を横で補佐するなど柔軟だ。さらに2隻のクイーン・エリザベス級空母を運用するイギリス海軍も艦長はパイロット出身ではない。「いずも」に航空自衛隊のF-35B戦闘機を搭載するなど、航空作戦の多様化に将来の部隊指揮官や艦長の役割にどのような変革があるのか興味深いところではある。

171

汎用護衛艦「おおなみ」(DD 111) の飛行甲板。飛行甲板中央に着艦拘束装置ASIST Mk6が見える

X SH-60J/Kの発着艦

　哨戒ヘリコプターの基本的な着艦方法は「アンテザード・ランディング」「テザード・ランディング」「フリーデッキ・ランディング」の3種類。着艦する艦の種類や天候・海象などによって異なり、状況にあわせてもっとも安全な方法が採られる。ただ、パイロットにとって陸上の飛行場に着陸するのと異なり、海面に揺れる甲板に機体を降ろすことは高度な技術が必要だ。「ひゅうが」型、「いずも」型、あるいは「おおすみ」型補給艦や「うらが」型掃海母艦に対してはすべて「フリーデッキ・ランディング」方式で着艦する。その理由は「テザード・ランディング」「アンテザード・ランディング」は艦側に着艦拘束装置が必要だからだ。「いずも」にはない装備なので、本書では読み飛ばしても差しつかえない

が、「いずも」型のような全通甲板がなぜ効率的な対潜作戦を可能にするのかを理解するために記しておきたい。

　すべてのDDとDDGにはRAST (Recovery Assist Securing and Traversing system)、またはRSD (Rapid Securing Device) もしくはASIST Mk6のいずれかの着艦拘束装置が備わる。RASTは、1960年代初頭にカナダ海軍が荒れた海面でCH-124シーキング対潜ヘリコプターを駆逐艦に着艦させるために開発した装置だ。のちにシーキングと同型機のHSS-2を採用した海上自衛隊の護衛艦にもRASTが導入され、今日にまでその後継型であるRAST-J、RSDやASISTの採用に至っている。着艦拘束装置は荒天でも機体を着艦させることができ、安全に甲板上を

移動することがきる画期的なシステムで、海外で「ベア・トラップ」と呼ばれているとおり「熊の罠」のように大きな枠がついた板状の形状をしている。これを飛行甲板上に配置し、着艦するヘリコプターは枠の中に機体下面のメインプローブを突き刺し、枠の中にあるビーム (拘束用の桁) がメインプローブにガチッと挟み込むことで機体を安定させることができる。この着艦方式が着艦拘束装置を使った基本的な着艦方式である「アンテザード・ランディング」である。

　もう1つの「テザード・ランディング」方式は波の影響で船体が大きく動揺しているときに、ワイヤーを使って着艦させる方法だ。ワイヤーといっても空母のようにワイヤーをフックで引っかけるのではなく、着

SECTION Ⅱ 「いずも」型の航空機運用

汎用護衛艦の飛行長(LSO)は飛行甲板のLSO管制室で着艦機のパイロットと交信する

パイロットは飛行甲板前方の誘導員が送る合図で接近と着艦のタイミングを判断する

アンテザード・ランディング方式で甲板上に接近するSH-60Kのキャビン窓から見下ろしたシーン。真下に着艦拘束装置ASIST Mk6が見えるが、パイロットからは見えない

SH-60Kのメインプローブが着艦拘束装置に近づく瞬間。プローブ先端が着艦拘束装置の枠の中に入り、拘束ビーム（桁）が挟み込む

艦拘束装置とホバリング中の機体のメインプローブの間にメッセンジャー・ケーブルと呼ばれるワイヤーを張り、艦側から機体を引っぱって着艦拘束装置内にプローブを引き寄せて着艦する方法である。パイロット飛行甲板上20～25フィートの高さでホバリングしながらメインプローブの先端からメッセンジャー・ケーブルを甲板上の作業できる位置まで繰りだす。甲板上の要員が着艦拘束装置からあらかじめ繰りだされているホールダウン・ケーブルとメッセンジャー・ケーブルをつなぎ、機体側へケーブルを巻き込む。つなぎ目の部分の金具はメインプローブにロックできる構造になっており、固定されると艦側のウインチを使ってホールダウン・ケーブルを引っぱり、弱いテンションをかけ、その状態でパイロットは着艦拘束装置の直上

SECTION II 「いずも」型の航空機運用

アンテザード・ランディングおよび、テザード・ランディングに使用する着艦拘束装置ASIST Mk6。写真ではテザード・ランディングに使用するホールダウン・ケーブルが繰りだしている

テザード・ランディングのため着艦拘束装置のホールダウン・ケーブルと機体のメッセンジャー・ケーブルをつなげる

へ移動。テンションをさらにかけて高度を7フィートまで降ろし、機体と甲板が水平になる瞬間を図ってLSOは一気にワイヤーを引き込む。この瞬間もパイロットは機体が甲板と水平になるように機体を保持し、3つの車輪が同時に甲板に接地するように微調整する。接地したら着艦拘束装置の拘束ビームでメインプローブを挟み込み、機体を保持して着艦は完了する。着艦拘束装置を使った着艦では、メインプローブと着艦拘束装置を固定した状態で、移送軌条に沿って格納庫に機体を引っぱることができ、短時間に素早く格納庫から機体を出し入れすることができる。

先にSH-60Kに自動着艦装置が備わっていることを記したが、これはSH-60Kの機首にある自動着艦装置SLASのセンサーが護衛艦側と送受信して、機内の操縦系と連動する仕

175

プローブの中からメッセンジャー・ケーブルが繰りだされていることがわかる

機体側のウインチにより、機体が強制的に引っぱられる様子

組みとなっている。通常の手順でアンテザード・ランディングもできないほど艦の動揺が大きくなったり、メッセンジャー・ケーブルを下せないほど風が強くなったりした場合に、自動着艦装置を併用してアンテザード・ランディングで着艦するのであって、自動着艦装置はあくまでもパイロットが通常の手順で着艦できないときに使用する、いわば最後の手段であり通常は使用しない。

このように着艦拘束装置の使用は悪天候時における着艦方式だが、艦の動揺が少なく、風の影響も少ないときは着艦拘束装置を使用しないフリーデッキ・ランディング方式で着艦する。SH-60J/Kが汎用護衛艦に着艦する基本的なフリーデッキ・ランディングでは、パイロットは機体右側45度に着艦標識の中心点が見えるように高度約50フィートまで降ろし、距離30ヤードに接近。この地点をファイナル・ポジションとして、さらに着艦標識の直上まで機体をもっていき、水平燈と誘導燈で艦の姿勢と機体の姿勢をあわせながら、発着艦指揮所内のLSOからの指示に従い着艦する。

SECTION Ⅱ 「いずも」型の航空機運用

着艦拘束装置の枠の中にワイヤーごと引き込まれ、プローブが枠内に入ると拘束ビームがプローブを挟み込む

SH-60Kの右側に備わる自動着艦装置SLAS。DDと「あたご」型、「まや」型ミサイル護衛艦DDGとの間でレーザー誘導により、自動で着艦できる。テザード・ランディング方式もできないような荒天での着艦に使用する

177

「いずも」航空管制室の前方から見るスポット5へのフリーデッキ・ランディング。パイロットは艦橋構造物をリファレンス・ポイントとしながら接近し、誘導員を確認しながら着艦できる

XI 「いずも」型における着艦

　船体が大きく波による動揺が少ない「ひゅうが」型「いずも」型の飛行甲板には着艦拘束装置が備わっていない。パイロットはフリーデッキ・ランディングでも安全に着艦できるからだ。

　着艦機の進入経路は汎用護衛艦と同じパターンであるが、飛行甲板の高さが汎用護衛艦より高いので進入パターンは高度をとる必要があるが、パイロットは汎用護衛艦に着艦するのと同じ要領で、フリーデッキ・ランディング方式で着艦できる。

　パイロットはLSOから無線で指示を受けたスポットに対し、スポットの左舷後方斜め45度のファイナル・ポジションに機体を移動させる。パイロットはその地点から機体をゆっくりと斜めにスライドさせてスポット上まで機体をもってくる。その際にパイロットは目視で、艦橋構造物などのアンテナ、マストなどの見え方を着艦の参考(リファレンス)とし、細かな修正を加えながら着艦標識の直上7フィート付近でホバリングし、誘導員のハンドシグナルを見ながら接地のタイミングを図って脚を甲板に接地させる。「いずも」型は艦首側から艦尾まで5つのスポットがあるが、艦橋構造物より前にある1番と2番スポットはパイロットが着艦時に参考にすべきリファレンスが少なく難しいスポットとされる。ま

SECTION II 「いずも」型の航空機運用

誘導員は、日中は緑と赤の手旗、夜間は緑と赤のライトを使用して誘導する

た逆に、5番スポットは艦橋構造物から距離があるので、やはりリファレンスが取りづらいようだ。3番、4番スポットは艦橋構造物のおかげで相対風も安定し、着艦しやすいスポットとされ、陸上自衛隊機や外国軍の外来機に対して指定されることが多いようだ。また、自治体など防災機関に所属する外来機のパイロットに対しては、エアボスはスポットの真後ろから進入するストレート・インの着艦方式を提案することもある。このほか医療搬送のために移送時間を短縮する場合は、要救助者が使用する昇降機に近いスポットが使用されることになる。

　アメリカ海軍は空母以外の艦船に歩行甲板に着艦する外国軍のヘリコプターや、警察、消防、自治体、契約企業などの民間ヘリコプターに対する安全性を主眼に置いた軍民共通の運用指針であるHOSTAC（空母以外の船舶でのヘリコプター運用）を通達しており、海上自衛隊は「いずも」型「ひゅうが」型でも海上自衛隊以外のヘリコプターが着艦する際はHOSTACの指針にあわせた着艦方法を事前に相手側に通知している。また、NATOは各国海軍で近年増加する空母や強襲揚陸艦、多目的輸送艦などの全通甲板艦にNATO所属ヘリコプターが展開し作戦することを念頭に置いた、HOSTACをベースとしてさらに安全で共通した手順の構築を目指すNATO MTACCOPS（多国間における空母および全通甲板艦クロスデッキ・オペレーション）ワーキンググループをスタートさせており、将来的に海上自衛隊に波及し、「いずも」型「ひゅうが」型もMATACCOPSが提案するHOSTACに準じた着艦プロシージャになるだろう。

「かが」スポット4着艦時の機体側から見たリファレンス。高度は約200フィート、距離は100ヤード

「ひゅうが」の4番スポットにスライド式で着艦するSH-60Kのキャビン窓から見た様子。「ひゅうが」の4番スポットは艦橋構造物や誘導員の位置など距離感が明確で、リファレンスがとりやすい

SECTION II 「いずも」型の航空機運用

「いずも」整備格納庫におけるフェーズ・インスペクションの様子。2機のSH-60Kの整備を同時に行っている。整備を実施する整備補給隊から派遣された派遣整備員と検査隊を受け入れる居住スペースも十分にあるのが「いずも」型の特徴である

XII 「いずも」型における航空機整備能力

「アメリカの原子力空母が半年もの長期間、実戦を含む長期航海が可能になっている最大の理由は？」の問いに「燃料のいらない原子力だから」は正しくない。アメリカ海軍は通常動力艦でも半年以上の戦闘航海を何度も行っている。正解は艦内にAIMD（航空機中間整備部門）があるからである。つまり、地上基地やメーカーで行うような大がかりな整備が艦内でできる仕組みになっているからである。そして「いずも」型でもAIMDに近い整備体制が整っている。

「いずも」の長期航海では、航空機整備を担当する個艦の飛行科（5分隊）のほかに、航空群から航空隊列線整備隊と整備補給隊、検査資格をもつ検査隊が整備派遣隊として乗艦し、整備の責任者である「いずも」整備長の指揮下に入る。整備長の部下は60名を超えるという。

海上自衛隊航空機の整備体系は航空自衛隊や陸上自衛隊より細かな段階の整備がある。これは艦艇に搭載し、厳しい自然環境下の運用に起因しているとされる。飛行前後に行う飛行前点検や飛行後点検、簡単な修理を行うF段階整備のほかに、E段階整備の飛行50時間ごとと100時間ごとに行われるスペシャル・インスペクションがある。これらの整備作業は5分隊の整備士や航空隊整備補給隊から派遣された列線整備隊の整備士が担当する。さらに航空隊からこれらE整備の資格をもつ検査隊が乗り込む。一部のスペシャル・インスペクションは機体を分解する必要がないため格納庫の狭い汎用護衛艦でも実施できる。「いずも」の格納庫では広すぎるぐらいの余裕がある。航空機が飛行時間を重ねると、C段階整備、「フェーズ・メンテナンス・インスペクション」と呼ばれる比較的規模の大きい点検・整備が必要になり、SH-60J/Kの場合は200飛行時間ごとに行われることになる。この整備は分解整備が必要な大がかりな整備になり、整備補給隊から派遣された派遣整備員と検査隊が、項目ごとに資格をもつ整備士と検査資格のある検査隊の隊員によって実施する。

機体の周囲に取り下ろした部品を並べたり、多くの整備士が機体各所で作業する必要があるので、広いスペースや専門職の人員が必要になり、さらに内容によっては整備期間が数週間におよぶことになる。本来なら陸上の基地の整備格納庫で行うような作業だ。

「はるな」型「しらね」型DDHやインド洋派遣など長期航海に参加する汎用護衛艦でも一部の検査項目が少ないC段階整備が行われた実績がある。しかし400飛行時間以降に200時間ごとに行われるレベルになると検査項目も増え作業期間も数週間におよび、さらに作業に必要な床面積も広くなるため、かつての「はるな」型「しらね」型DDHでは実施できなかった。しかし「ひゅうが」型と「いずも」型ではさらに大がかりになるすべての項目のC段階整備・フェーズ・メンテナンス・インスペクションができる。「いずも」格納庫には艦首側から第1、第2格納庫、整備格納庫があり、それぞれ防火シャッターで区切ることができる。格納庫の責任者である整備長によると、「いずも」型の整備区画のコンセプトは整備環境と機器を充実させることで、陸上基地で行う整備と同じ環境を整えることができるとしている。

「いずも」型は整備格納庫が広いだけでなく、予備ローターや予備エンジンなど大型の予備部品の収容スペースも十分にある。また、整備格納庫でC段階整備が行われていると

SECTION II 「いずも」型の航空機運用

きにほかの機体が50時間・100時間点検を行うときは、第2格納庫あるいはさらに前方の第1格納庫を使用して行える。

航空隊を管理する航空集団司令部は、長期航海の派遣でも十分に耐えられる残りの飛行時間が多い機体を選んで護衛艦に派遣するが、「ひゅうが」型と「いずも」型に派遣する際には艦内でフェーズ・メンテナンス・インスペクションができることを考慮して機体の選定を行えるようになり、また、随伴する汎用護衛艦に搭載されているSH-60J/Kも整備のために「いずも」に飛来し、「いずも」艦内で整備できるので、より柔軟な機体のやりくりができる。

米空母が長期活動できる理由にAIMDの存在があるが、「いずも」型でも同様にフェーズ・インスペクション整備によって、飛行任務に支障がないように体制を整えている

地上部隊の派遣整備員も将来は艦に配属されることがあるので列線作業の経験を積ませる機会を与えることがあり、逆に5分隊の整備士も技量向上や経験を積ませるためにフェーズ・インスペクションを手伝うこともあるという

183

マラバール2020演習で「かが」スポット4に着艦するインド海軍のシーキングMk.42Bと、スポット3に駐機中のインド海軍SA-316B
（写真：海上自衛隊）

マラバール2019演習で「いずも」のスポット3に着艦するインド海軍シーキングMk.32B
（写真：海上自衛隊）

XIII 外国機の着艦・発艦

　ヘリコプター搭載能力のある護衛艦は各国海軍との合同演習の際に搭載しているヘリコプターを相手の軍艦に派遣したり、相手の軍艦からヘリコプターが飛来する「クロスデッキ」と呼ばれる訓練がある。これはお互いの艦や飛行隊同士の連携を高める重要な訓練であり、また両国のパイロットにとっても貴重な着艦経験となる。また、クロスデッキは連携訓練の目的だけでなく、指揮官の表敬訪問など人員輸送・パッセンジャー・トランスファー（通称：パックス・ファー）としての任務飛行も同時に行われる。

フランス海軍空母シャルルドゴールから「いずも」に飛来したフランス海軍AS-365N3（写真：海上自衛隊）

「いずも」に飛来したアメリカ海軍MH-60Rと、発艦するインド海軍シーキングMk.42B（写真：海上自衛隊）

　NATOは艦尾に飛行甲板をもつ軍艦に対する発着艦の手順として「航空母艦以外におけるヘリコプターオペレーション標準（Helicopter Operations from Ships other Than Aircraft Carriers：HOSTAC）」を示しており、これは軍用機以外にも、軍と協力する民間契約のヘリコプター運航会社や、防災機関、自治体機関などのヘリコプター航空隊にもHOSTACの手順にもとづいた着艦・発艦を求めている。日本もHOSTACの手順を参考にしている。

　一方で「いずも」型をはじめ、各国海軍が使用する全通甲板艦は甲板が広く、日ごろ軍艦に着艦しない陸軍などのパイロットでも着艦しやすい。NATO加盟国では全通甲板艦を装備する国が増加しており、そのため「多国間全通甲板艦および空母クロスデッキオペレーション（Multinational

185

2021年「いずも」に人員輸送で飛来したアメリカ海軍MH-60S（写真：海上自衛隊）

2021年「いずも」に飛来したドイツ海軍スーパーリンクスMk.88A（写真：海上自衛隊）

Through-deck and Aircraft Carrier Cross-deck Operations：MTACCOPS)」の標準化を行っている。日本などNATO以外の全通甲板艦を装備する国もMTACCOPSを参考にしている。MATCCOPSはヘリコプターだけでなく、F-35Bなどの固定翼機も対象としており、「いずも」「かが」におけるアメリカ海兵隊のF-35B着艦・発艦試験でもMATCCOPSの手順に沿って行われる。

　なおDDやDDGなど自衛艦の飛行甲板に描かれているマーキング（甲板塗粧と呼ばれる）や、「いずも」型、「ひゅうが」型の飛行甲板のスポット

日本は全通甲板の護衛艦を装備するようになり、これまでの訓練では飛来する想定がないような航空機も飛来するようになった。写真はリムパック2014で「いせ」に飛来したアメリカ陸軍OH-58D

搭載試験のため「ひゅうが」に着艦したMV-22B。翼幅の長いV-22のために艦首尾線に寄せた通称「オスプレイ・スポット」を新たに設置した

にある斜め45度と90度の線（ラインナップライン）はNATO標準に準じたマーキングとなっており、NATO加盟国の艦載機パイロットが安全に着艦できるようになっている。

これまで「いずも」型、「ひゅうが」型は演習などで外国艦搭載機が着艦した例が多くあり、同盟国のアメリカ海軍機のほかには、特にIPDやマラバール演習などでインド海軍機が

着艦する機会が多い。また、めずらしいケースではリムパック演習におけるHA/DR訓練で「ひゅうが」にハワイ州陸軍のOH-58D観測・攻撃ヘリコプターやUH-60M汎用ヘリコプ

187

「ひゅうが」の第2航空機用昇降機を使用したMV-22の格納試験

ターなど陸軍機が着艦した例がある。また「ひゅうが」型では、防災訓練で速力0ktの状態で防災関連ヘリコプターが着艦した例がある。

なお海上自衛隊護衛艦の搭載機が、アメリカやフランスなどの空母や、フリゲート、駆逐艦に着艦することは合同演習などで「はるな」型護衛艦の時代から普通に行われてきている。

SECTION III

JS Izumo & Kaga

「いずも」×統合運用
F-35B/MV-22

I 「いずも」型の空母化

　防衛省は2019（令和元）年、18機のF-35B戦闘機の導入を決定した。その理由として防衛省は「陸海空自衛隊が使用している45カ所の滑走路のある航空基地のうち、戦闘機に必要な2,400メートル以上の滑走路が設置されている飛行場は20カ所しかなく、太平洋においては硫黄島しかないため、戦闘機の展開基盤が乏し

II 「いずも」に搭載する航空自衛隊F-35B

　ロッキード・マーチンF-35戦闘機には地上基地型F-35A、空母艦載型F-35C、強襲揚陸艦に搭載する短距離離陸垂直着陸型として開発されたF-35Bの3つのタイプがあり。F-35Aは通常の戦闘機同様に2,500m級の滑走路を必要とするが、F-35Bは200m程度の滑走で離陸でき、ヘリコプターのように垂直で着陸できる。アメリカ海兵隊はすでにF-35Bを海軍の強襲揚陸艦に搭載して運用しており実績がある。

い状況にあり、こうした理由からF-35Bであれば自衛隊が使用している45カ所の飛行場に展開できる」としている。あわせて「『多機能な護衛艦』である『いずも』型護衛艦について、必要な場合にF-35B戦闘機の運用が可能となるよう、改修を行う」と発表した。つまり、島嶼の短い滑走路や艦上で戦闘機を運用するために短距離離陸垂直着陸（STOVL）のF-35Bを導入するということだ。

航空自衛隊はF-35Aを105機、F-35Bを42機、合計147機のF-35を発注した。F-35Aは、単発、超音速、ステルスマルチロール戦闘機で、日本が導入する初めての第5世代戦闘機。高度なアビオニクス、センサーフュージョンを搭載することで、パイロットは高レベルの状況認識が可能になり、これによりこれまでより長距離・長時間作戦を可能にする。写真は三沢を離陸する第302飛行隊塗装のF-35A（89-8709）

航空自衛隊がF-4EJ改の後継として導入し、運用しているF-35Aは、マルチロール戦闘機として開発されたため、航空自衛隊の戦闘機運用コンセプトであるFI任務とFS任務の両方を任せられる戦闘機として日本の国防政策に合致していた。

F-35はロッキード・マーチンを中心として9カ国の多国間で共同開発され、開発コンセプトは第5世代戦闘機として、既存の第4世代戦闘機・攻撃機を上回る性能をもつこと、レーダー波を反射するデザインと電波吸収材により、レーダー反射面積が第4世代戦闘機の約1/70とされる

F-35は、エンジンにつながるYダクトを形成する固定ダイバータレス超音速インレット(DSI)により、空気が隆起した圧縮面と前方のカウルを使用して、流入する空気の境界層を剥がす。そのダクトを避けて2つの内部ウェポンベイを配置することで空気抵抗を排除しているため、内部ペイロードのみの武器搭載、それぞれ最大2,500ポンドでは最高速度がマッハ1.6になる

航空自衛隊のF-35Aは2019年3月29日に最初に導入した10機のF-35Aで初期運用能力(IOC)得た。XF-35Aの初飛行が2000年10月24日。「日の丸」F-35が日本の空を飛ぶまで約19年かかったことになる。これは日本が採用してきたF-4、F-15より長い年月である。写真は三沢基地をタキシングする第302飛行隊塗装のF-35A (99-8713)

ステルス性能をもつことなどがあった。

開発にあたって各協力国に応じたレベルにより納期や価格などの優遇があるが、日本は開発協力していないため優遇対象には含まれていない。ただし、日本向けのF-35Aは日本国内FACO(最終組立・検査)施設で行われ、IHIがエンジン、三菱電機がレーダーなどを製造して、三菱重工が機体組立を行う。2018年1月から国内組立と本国で製造された計7機が三沢基地に配備。以後は三菱で生産された機体が第301飛行隊と第302飛行隊に配備され、最終的に105機のF-35Aを装備する。

F-35はステルス性能により相手のレーダーに捉えられにくいことが特徴だ。ステルス性能の高い第5世代戦闘機はどの国も欲しいが、単独で開発するにはコストが高すぎるため、ロッキード・マーチンが多国間で開発協力するなどでコストを下げ、協力した9ヵ国以外の国でもステルス

SECTION Ⅲ 「いずも」×統合運用 F-35B/MV-22

空母搭載型のF-35Cは発艦・着艦時の揚力を増すため、F-35AやF-35Bに比べて35フィート翼が長い。結果的に翼内燃料タンクも大きくすることができた。このページの一連の写真はリムパック2024における空母カールビンソン艦上で防勢対空戦の訓練を行うVFA-97のF-35C（NE406/170084）。発艦時にはカタパルト後方のJBDが立ち上がり、F-35Cのエンジンブラストを斜め後方の上方に逃がすことで、甲板要員や駐機する機体の影響をなくす

F-35Cはカタパルトを使用して発艦する。ノーズギアはF-35A/Bと異なり、強化されており、発艦時にカタパルトシャトルと連接するカタパルトランチバー、発艦前にエンジンパワーを入れた際に機体が前進しないようにカタパルト上で留め置くために飛行甲板と機体をつなぐホールドバックバーをつなげるためのホールドバックバー・アッシー、着艦時にLSOにグライドスロープに対する上下の機体姿勢を知らせるためのランディング・インディケーターライツが備わる。写真はVFA-97のF-35C（NE404/169941）

カタパルトを使用して発艦する際にアフターバーナーを使用するかどうかはパイロットの判断である。ウェポンベイ内の搭載が多く発艦重量が重い上に合成風力が少ないときはアフターバーナーを使用するが、多くの発艦ではアフターバーナーを使うことはないとVAF-97のパイロットは話す。一方でF/A-18E/Fはアフターバーナーを使用した発艦が多い

F-35Cの開発では機体完成後に着艦フックの設計変更があり、艦上試験が遅れ、最初の試験は2014年11月に空母ニミッツで開始され、フェーズ4が終了したのは2018年12月であった。艦上IOCの承認は2019年2月28日。VFA-147に配備され、カールビンソンで運用された。写真はVFA-97のF-35C（NE406/170084）

193

翼幅の長いF-35Cは翼を折りたたむことで、艦上のスペース、格納庫、エレベータの面積を効率化している。ステルス効果は減るが、F-35は6つの外部兵器ステーションがある。写真の機体は外部兵装用のパイロンが見えるが、レーダーの断面積を減らすために外側に傾斜している。ここにはAIM-9XまたはAIM-132 ASRAAMを搭載できる。それぞれ各翼には計5,000ポンド搭載でき、特に内部ウェポンベイに搭載できないAGM-158統合空対地スタンドオフミサイル（JASSM）巡航ミサイルなど大型の空対地兵器を搭載する際に使用する。写真はF-35C（NE406/170084）

F-35A/Cでは2カ所の内部ウェポンベイにそれぞれ最大2,500ポンド搭載できるが、F-35Bの場合は構造上1,500ポンドまでしか搭載できない。ウェポンベイには統合直接攻撃弾JDAM、ペイブウェイシリーズ爆弾、統合スタンドオフ兵器（JSOW）、クラスター爆弾、GBU-39小径爆弾（SDB）、GBU-53／B SDB II、AIM-120 AMRAAM、将来はAIM-260 JATMも搭載する。写真はVMFA-121のF-35B（VK01）

戦闘機が手に届くまでになった。価格は第4世代戦闘機なら2機は買える1機約150億円だが、価格以上のバリューをもつ戦闘機であるといえるが、F-16、F/A-18、トーネードなどを使用する国が代替の計画をもっており、将来は西側諸国の標準的な戦闘機になる。

導入予定や検討するする国では、空対空、空対地任務に幅広く使用できる能力を評価しており、ステルス性能を活かすために主兵装はウェポンベイに格納されている一方で、ステルス性能をトレード・オフすることで、機外兵装により7カ所のハードポイントには最大8トンの武器を搭載できる点は対地・対艦任務に柔軟な作戦が可能になる。

F-35のバリューはステルス能力だけでない。単発ながら強力なF135エンジンは最大マッハ1.6、アフターバーナーを使用しないスーパークルーズではマッハ1.2で巡航できる。この機能は燃料消費を抑え、警戒監

SECTION Ⅲ 「いずも」×統合運用 F-35B/MV-22

一連の写真は強襲揚陸艦ワスプの飛行甲板FLY2右舷駐機位置からF-35B（VK07/169293）が発艦までのシークエンス。タキシングを開始するシーンでは、パイロットがファウル・ラインを越えてからギアを90度回転させトラム・ライン上に乗せようとしていることがわかる

トラム・ラインに機体を乗せると、リフトファンドア、インテークドア、エグゾーストドアを開けて発艦位置のスポット5に向かう

発艦位置のスポット5付近に到着。この日はデモフライトのための発艦であり、ウェポンベイにはなにも搭載しておらず、燃料も満タンではなかった。軽い状態であれば、いずれの発艦位置からでも滑走して発艦できる

195

JS Izumo & Kaga

バウエンド急上昇するF-35B（VK 07/169293）。空母からF-35CやF/A-18E/Fが発艦するより離陸レートが高いのは、カタパルトを使っておらず、パイロットは任意で上昇角をコントロールできるからだ。一連の写真はワスプのバウチャーズロウから撮影した

ワスプのスポット7付近に着艦するシーン。パイロットは左舷スポットアビームまで前進し、ホバー・ポジション・インディケーターを確認しながら、スライド方式でスポット上空に到達し、垂直着艦する

SECTION Ⅲ 「いずも」×統合運用 F-35B/MV-22

ワスプのハンガーベイ内に駐機するF-35B (VK05)。ワスプ級強襲揚陸艦の格納庫は空母のハンガーベイ同様に整備を行うための格納する場所

ハンガーベイの艦尾側はAIMDの資機材や機体の予備部品が並んでいる。なお、ハンガーベイの一部はMV-22がティルトローターを立てた状態で整備ができるように天井が高くなっている

視任務など長時間飛行に寄与する。機首の下面には電子・光学式照準システムEOTSと呼ばれるセンサーがあり、レーザーや赤外線により長距離の対空と対地目標を検出することができる。対地・対水上目標に対しては測距し、精密誘導爆弾の照準も可能になる。また、この機能を使って戦術偵察もできる。捉えた画像やデータはコックピットの表示装置だけでなく、ヘルメットに備わったヘッドマウントディスプレイシステム（HMDS）に表示できる。さらにこの画像やデータをいっしょに飛行する僚機や警戒管制機、地上基地、さらには陸上部隊に送ることができる。

F-35BはF-35A/Cと同じエンジンを搭載するが、エンジン排気ノズルを下方に最大95度偏向させてジェット推力を下方に変更する3BSM排気ノズルを備え、排気の一部は両翼の下方に噴射できる。さらにコクピット後方の扉を上方に開き、エンジンのタービンギアから接続するドライ

写真はVMFA-121のF-35B (VK01)。F-35BのF135-PW-600はシャフト駆動リフトファン (SDLF) が組み込まれ、リフトファン、ドライブシャフト、2つのロールポスト、3ベアリングスイベルモジュールで構成されている。ノズルはエンジンに対して真後ろ方向から垂直に回転し、メインエンジンの排気を尾部で下方に偏向させる。この際のロール制御は、ロールポストと呼ばれる翼に取りつけられたスラストノズルを介して非加熱エンジンバイパス空気を噴出させることで姿勢を保つ

開いたドアの下にリフトファンが見える。なお、このリフトファンなど垂直着艦に使用する部品の時間整備や部品寿命の関係で、F-35A/C以上に整備コストがかかる

SECTION Ⅲ 「いずも」×統合運用 F-35B/MV-22

ブシャフトで回転する二重反転機構のリフトファンを作動させ、コックピット下方に噴射することで、垂直着艦やホバリング飛行が可能となる。開発はX-35AとX-35C試作機を改造したX-35Bによる試験を経て、F-35B量産型が生産され2015年に米海兵隊に配備された。F-35Bの武器を使った初めての実戦は2018年、米海兵隊F-35Bが強襲揚陸艦からアフガニスタンのテロ組織に対地攻撃を行っているが、詳細は明らかになっていない。

機首の下に備わるAAQ-40電気光学照準システム（EOTS）は、レーザーターゲティング、前方監視赤外線（FLIR）、および長距離IRST機能を備える。地上の敵陣地を撮影し、友軍の地上部隊に直接データ転送することもできる

Ⅲ 空母化のための艤装 ── 飛行甲板

F-35B発艦時の安全性向上のため、艦首の平面形状が台形から隅を直角にした長方形の形状に変更し、約307平方メートルの飛行甲板面積が拡幅された。右舷先端部は約70平方メートル拡幅され、20mm高性能機関砲CIWSも約5m右舷側に移設した。これにより発艦するF-35Bがトラム・ラインを逸脱した際にもCIWSとの衝突事故を軽減できる。左舷前端部は約237平方メートル拡張された。もとの艦首形状では発艦時に左舷側から吹き上げる気流がパイロットの操縦に影響を与えるという話もあるが、実際にはそれよりも重要な理由がある。アメリカ海兵隊パイロットの話では、最大離陸重量に近い状態で、トラム・ライン最後尾から発艦する際に、バウ先端までノズル・ローテーション・ラインがあるほうが滑走に余裕があり、心理的な負担軽減になっているという。いずれにしろ、艦首形状の変更により飛行甲板上の航空機の運用がより安全化が図られたことになる。

F-35Bの「いずも」型搭載にあたっては発着艦時に最大摂氏930度にもなる高温の排気熱が飛行甲板の滑り止めに影響を与えることがワスプ級強襲揚陸艦のF-35B試験で明らかになっていた。日米ともに艦船の飛行甲板全面に使用している滑り止め材MS-440GはF-35Bの熱では甲板の劣化が激しいため、新たに熱に対する耐久性が高いセラミックとアルミニウムを混ぜたサーミオン社製の滑り止め剤サフトラックスTH604が採用され、ワスプ級強襲揚陸艦1番艦ワスプには2011年から2013年にかけてスポット7と9に施工されている。

ワスプ級強襲揚陸艦は左右両舷9カ所の発着艦スポットの内、F-35B

199

は左舷後部のスポット7と9をプライマリー・ランディング・スポットとし、「いずも」型でもこれに準じているスポット4と5を指定し、サフトラックスTH604はスポット4、スポット5のみに使用している。F-35Bは発艦時の滑走の際もエンジンノズルを下向きにするが、離陸滑走の短時間なのでスポット3、スポット2、

スポット1の上を滑走する際に甲板に熱の影響はないとされる。なお、ワスプ級、アメリカ級ではMV-22オスプレイをプライマリー・ランディング・スポット以外でも発着艦させることができるが、排気熱が甲板に影響を与えるため10分以上エンジンを回してはいけないという規則がある。「いずも」型でもこれに準じているも

のとみられる。

なお、ワスプのF-35B搭載試験ではハンガーデッキ後部の天井の温度が上昇することが判明したため、改装時に機器や配管、配線などの移設や改修も行われている。「いずも」型にも同様にスポット4と5の下の階層で同様の改修が行われている。

── 甲板塗粧

太い黄色の直線が目立つのはトラム・ライン。F-35Bがデッキランチ（短距離滑走離陸）および、ストレート・イン・ランディング（直進進入着艦）する際に、パイロットが機体のノーズギアを乗せ滑走の目安とするための太い黄色に細い白縁の線。空母のカタパルト発艦ではパイロットは手放しで発艦するが、カタパルトを使わないF-35BやAV-8Bはパイロットが機体を向かい風で機体が振れないようにみずからが滑走中心線にあわせる必要がある。そのためにパイロットはHUD越しにトラム・ラインの黄色がはっきりと目に入るようにするために幅広く塗装されている。アメリカの強襲揚陸艦でAV-8Aの運用が始まった際に採用された。同様のトラム・ラインは豪海軍アデレード級、スペイン海軍ファン・カルロスI級などがあるが、上空からの視認性を低くするためにオーストラリア、イギリスやイタリアは黒色の線を採用している。

トラム・ラインの先端から225フィート付近に黄色い横線がある。ショート・テイクオフ・ローテーション・ラインと呼ばれ、F-35Bのパイロットがこの線を通過する際に、機首を引き上げている、もしくは引き上げることを視覚的に知らせている。また、ノーズギアがトラム・ラインから完全に外れてしまった場合、パイロットが機体を戻す限界の目安としている。パイロット・インデュースト・オシレーションPIO（パイロット誘導振動）が発生する可能性が高まるため、パイロットはショート・テイクオフ・ローテーション・ラインに到達していないならば、機体をトラム・ラインに戻そうとしてはいけないという規則がある。

艦首先端に引かれた黄色い太い線はノズル・ローテーション・ラインもしくはバウ・ラインといわれ、パイロットが発艦時にノーズギアがトラム・ラインから外れつつあることを

認識した場合、パイロットが機体を修正するための限界と、エンジンノズルを下げなければならない限界を視覚的に確認する表示としている。

トラム・ラインの右舷側には細く描かれた赤白線のファウル・ラインがある。航空機発着艦作業が続いている間に、航空機が発着する滑走帯および発着艦スポット側に立ち入らないように甲板作業員に視覚的に知らせる線。ヘリコプターがスポットを使用する際の誘導員や、ヘリコプターに乗り降りする乗員乗客らの立ち入りはできる。カタパルトが4基あるアメリカの空母ではファイル・ラインがそれぞれのカタパルトに引かれ、その発艦機の都度、安全地帯が左右に変化するが、強襲揚陸艦はトラム・ラインが1本のためファウル・ラインも1本で引かれ、航空機発着艦時はファウル・ライン右舷側が安全地帯となり、「いずも」型の改修でもこの方法を採用している。

── 着艦支援設備

「いずも」型の改修では新たに着艦支援の設備も加わっている。パイ

ロットがおもに夜間や低視程など悪天候時にストレート・イン方式で計

器着艦するための精密誘導装置として、統合精密進入および着陸システ

ム JPALS（Joint Precision Approach and Landing System）が搭載された。艦に備わったのはJPALS装置とGPSアンテナ、VHFアンテナなど。F-35B側にはJPALS装置が備わっている。F-35Bのパイロットが「いずも」に戻る際に、パイロットは機体に備わるJPALSのスイッチを入れ、約200マイル離れた場所から「いずも」側のJPALSから位置情報をデータリンクで位置情報を受け取る。それにもとづきパイロットは約60マイル付近でJPALSサーベイランス・モードに切り替えて、自機のID、高度、飛行方向、速度、緯度、経度を「いずも」側のJPALSに送信し、空母側からも位置情報のアップデートを受け続けるようにする。パイロットは「いずも」まで10マイルに接近すると精密サーベイランス・モードに切り替え、真機速、降下率、偏流レートなどの情報を自動で送り続け、「いずも」側JPALSも艦の姿勢データを送り続ける。航空管制室の進入管制官はパイロットに交信でも情報を伝え、パイロットは最終進入、タッチダウンまでJPALSの表示だけで着艦できる。

　パイロットが夜間に目視で着艦する場合は、艦橋構造物の最後尾に新たに備わった光学式着艦装置OLSを使用する。OLSは縦長のインディケーター・ディスプレイの中に縦に9個並んだ黄色のライトがあり、その左右に機体の適正高度を示すアンバー色のソース・ライトが上下するインディケーター、中央の5個目のライトの左右には基準線を示す緑のライトのデータム、その下に赤色ライトが田の字に4つ並んだ、エマージェンシー・ウェイブ・オフ・ライツがインディケーター・ディスプレイの左右に配置される。パイロットはグライドスロープに適切にあうように降下する際に、OLSのソース・ライトがデータム・ライトにあうように機体の降下を調整し、ソース・ライトがデータム・ライトより高い位置ではグライドスロープに対して自機が高く、低い位置に見えればグライドスロープより低い位置にあり、危険な状態を示す。それより下がると航空管制室のLSOはウェーブオフの指示をだし、ウェーブ・オフ・ライツを点滅させる。パイロットは艦尾に垂直に海面方向に並ぶドロップ・ライトとトラム・ラインの位置を示すトラム・ライン・ライトが一直線に見えるように機体の軸線を艦首にあわせてアプローチし、艦尾のアット・ランプ位置（AR）を示すデッキ・エッジ・ライトを通過したことを視認することでデッキ上に到達したことを覚地。パイロットがOLSを見ながら正しく進入すると、艦橋構造物に設置されたホバー・ポジション・インディケーターの光を確認することでトラム・ライン上50フィートに到達し、パイロットは垂直着陸できる。このホバー・ポジション・インディケーターは薄暮や悪天候時などスポット4に舷側から目視によるスライド方式で着艦する際にも使用できる。

　こうしたF-35Bの安全な着艦のために、航空管制室から着艦機がよく見えるように航空管制室の窓の内、左舷側の張りだした窓3枚の形状がそれぞれ張りだしの形状にあわせて上底の長い台形になり、飛行長や発着艦管制官らの視界が向上している。特に発着管制官の席からはプライマリー・ランディング・スポットである4番スポットに着艦する機体の様子が窓と窓の間の支柱によって見づらく、これを解消することができた。

各スポットの左舷側にある甲板状況灯。スポットに支障がなく、着艦できる場合はグリーンが点灯する

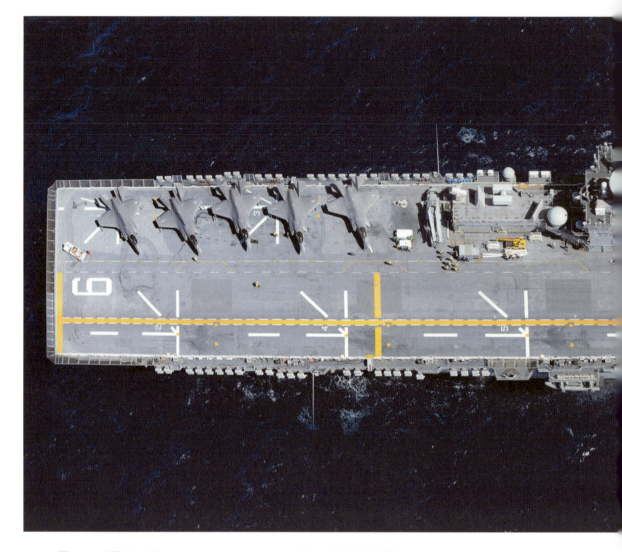

Ⅳ 「いずも」にF-35Bは何機搭載できる？

　航空自衛隊が導入するF-35Bは2個飛行隊分に相当する42機。南西諸島にも近い新田原基地に配置されることが決まっており、それぞれ臨時F-35B飛行隊を経て機体の増加とクルーの訓練を重ねて正規の飛行隊となる。これは現行のF-35Aの部隊配備と同じ過程だ。

　「いずも」型にF-35Bを搭載する任務が、これまでF-2戦闘機で行ってきたような陸上自衛隊に対する近接戦闘支援CASや戦闘航空哨戒CAP

であるなら、アメリカ海兵隊のように最小6機のF-35Bでもよいことになるが、中国空母の戦闘機を想定した対防空侵犯措置や、その戦闘機との空戦を想定した防勢対航空戦DCA、攻勢対航空戦OCAなどの任務が加わると最低でも作戦機と予備機をあわせて14機から20機は必要になってくる。「いずも」の飛行甲板と第1格納庫および第2格納庫を駐機に使用すれば搭載できる数ではあるが、トレード・オフしなければな

らないのは海上自衛隊のSH-60Kの搭載数だ。水上監視任務SSCと、捜索救難任務SARとして最低でも3機のSH-60Kは必要だ。

　護衛艦に搭載されるSH-60Kは普段は格納庫にしまわれ、飛行任務の都度に飛行甲板に引きだされる。アラート待機がかかるSH-60Kが甲板にだしっぱなしなこともあるが、多くの場合で日没後はすべての機体を格納する。同様に航空自衛隊基地でも夜間の飛行訓練を終えると朝まで

SECTION Ⅲ 「いずも」×統合運用 F-35B/MV-22

アメリカ級強襲揚陸艦アメリカ（LHA6）にF-35Bのみを乗せた様子。FLY1に5機、FLY2に6機、左右のエレベータのそれぞれ1機、計13機が確認できる。艦橋構造物前のMH-60SはVARTREP/PAXFAR用の海軍所属機（写真：アメリカ海軍）

戦闘機を格納庫に格納している。この慣例でSH-60Kを3機とF-35Bを第1と第2格納庫に格納したら、収容できるF-35Bはわずか6機だ。格納庫内の駐機にはルールがあり、牽引車とトーバーで連結した機体が第1エレベータ、第2エレベータ、整備格納庫をそれぞれアクセスできるように移動させるスペースが必要で、それぞれの格納庫の間にある防火扉のレールをまたいで駐機させることはできない。したがって、3つの格納庫に機体をギュウギュウに詰めることはし

ない。また整備格納庫は基本的に数日間にわたって整備作業が必要なフェーズ・インスペクションや50時間・100時間点検の機体を駐機している。整備格納庫をF-35Bの駐機スペースとして使えないとすると、第1格納庫と第2格納庫にF-35Bを駐機できるスペースは2つの格納庫で3機ずつ計6機となる。機体の置く場所も片舷の壁側に機首を斜めに向けた方向でしか置けない。SH-60Kをそれぞれの格納庫で右舷に機首を艦首側に並べ、いつでも移動できるよ

うにするか、整備格納庫の左舷側に駐機するしかない。「いずも」の諸元でヘリコプター搭載は最大14機としているのはSH-60J/Kを各格納庫に6機ずつ、整備格納庫に2機詰めた状態で実際にはオペレーショナルな配置ではないのだ。
　一方でアメリカ海兵隊がF-35Bを強襲揚陸艦で運用するように飛行甲板に常時繋留すれば問題は解決する。航空自衛隊が夜間に格納庫に戦闘機を格納するのは、夜間にピトー管やセンサー類の穴に虫が入ること

203

アメリカ級強襲揚陸艦アメリカにF-35Bのみを搭載した様子。「いずも」型にも右舷前部甲板は十分な駐機スペースがある（写真：アメリカ海軍）

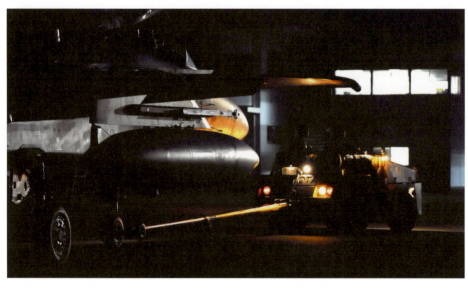

航空自衛隊の基地では夜間に戦闘機を格納する。虫がピトー管に入ることや開口部に鳥が巣を作ることを防止するために慣例となっている

を防止したり、機体の隙間に鳥が入り込むこと防止するためだ。虫や鳥がいない洋上でこの心配は無用で、F-35Bは防錆処理も施されているので夜間の露天繋留は問題がない。アメリカ海軍と海兵隊が空母と強襲揚陸艦でそれを実証している。

　航空自衛隊がこれまでの慣例を捨て、「いずも」の飛行甲板にF-35Bを繋留するとしたなら、艦橋構造物（艦橋）の前方から航海灯マストの間に6機、第2エレベータの艦尾側に3機を置くことができる。アメリカ海軍が強襲揚陸艦で行っているように滑走線の艦尾や舷側のエレベータに駐機するならプラス2機は置くことができる。したがって、飛行甲板上に11機は置くことができ、格納庫に3機を置けば14機のF-35Bを搭載でき、これならば救難用のSH-60Kだけでなく、哨戒用のSH-60Kも標準的な搭載数の7機を搭載できる。

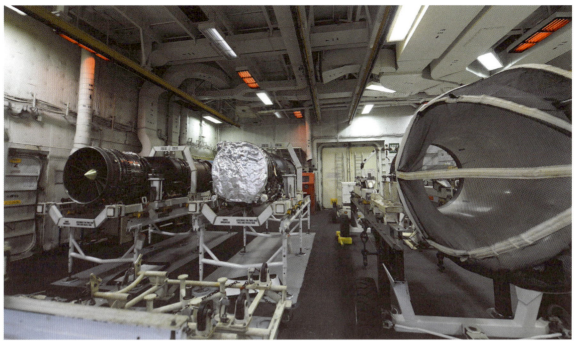

空母エイブラハム・リンカーン (CVN 72) のハンガーベイ艦尾側にAIMDエンジンショップ。奥に見える扉を開くと艦尾露天甲板になり、ドリーに乗せたエンジンの始動チェックができる

V 「いずも」×F-35Bの統合運用

　日ごろの「いずも」には護衛隊群司令部が乗艦し、群司令が戦闘指揮所 (CIC) や旗艦用司令部作戦室 (FIC) で作戦を指揮しているが、航空自衛隊のF-35Bを搭載するということは統合運用になるので統合幕僚監部からも幹部が乗艦し、航空自衛隊からも航空総隊や航空方面隊あるいは航空団の幹部が乗艦し共同で作戦を進めることになる。そして作戦飛行中のF-35Bを指揮するために航空自衛隊の幹部がCICやFICに入り共同で作戦を進めることになる。特に海上自衛隊には要撃管制の仕組みがないので、航空自衛隊レーダーサイトやAWACSの支援が得らえない海域での作戦では、「いずも」や随伴するイージス艦に航空自衛隊の要撃管制官が乗艦するということはありえる。一方で、漫画や映画でよくあるように艦長が航空自衛隊のパイロット出身者であることはありえない。海上自衛隊のハイバリューアセットを他組織の幹部が責任もつことは決してない。ただし、海上自衛隊ヘリコプター部隊出身者が艦長職に就くことは十分ありえる。アメリカの空母や強襲揚陸艦の艦長がパイロット出身であることと同じ理屈だ。この10年の間に、約20人の「ひゅうが」、「いせ」、「いずも」、「かが」の艦長、副長、飛行長に「ウイングマークの艦長はありかなしか？」を問うと、ほぼ半数に分かれた。実際、アメリカ空母の艦長はパイロットかアビエーター (航空士) であることが法律で決められている。空母の本質は航空部隊の運用であり、その航空部隊の作戦を理解している空母航空団司令官出身の大佐が任命されることが多い。空母においては発着艦作業を監督するエアボスが、発着艦機に風向や波浪が影響しないように、艦長に針路をリコメンドする。艦長は艦長になる前に補給艦などの大型艦で副長を経験しているので、操艦は問題ないが、もし海域の海象に不安があれば、巡洋艦や大型艦を経験してきた生粋の船乗りである副長がサポートする。

　F-35Bを搭載した「いずも」では艦長が今までのように水上艦マークであれば、航空管制室に航空自衛隊の派遣管制官、派遣飛行班長などの幹部が詰め、飛行長 (エアボス) を支援することになるだろう。

　F-35B搭載にあたっては、派遣整備隊も乗艦することになる。特に長期航海になれば整備関連の人員も増やす必要がある。アメリカの空母や

ニミッツ級空母のバウチャーズロウから見た、主飛行管制室（Pry-Fly）。エアボス、ミニボス、シューターがここから飛行甲板、発艦・着艦を監督する

Pry-Flyから艦尾を見た様子。すべての駐機スポットが確認できるように艦橋構造物から左舷側に張りだしている

SECTION Ⅲ　「いずも」×統合運用 F-35B/MV-22

強襲揚陸艦に搭載される航空部隊が半年にもおよぶような長期航海でも作戦を継続できるのは、飛行隊の整備員だけでなく、空母の組織に編成されている中間整備部門（AIMD）があるからだ。AIMDは定期整備のほか、エンジン整備、電子整備、部品成型、救命装備整備などを担当する。すべて艦内で整備できるため、作戦機と予備機でローテーションしながら作戦航海を継続できる。

航空自衛隊の場合、列線整備は飛行隊整備小隊が担当し、定期整備や故障の修理は整備補給群の検査隊、装備隊、修理隊が行う。米軍のAIMDに相当する整備部隊がこの検査隊、装備隊、修理隊で、F-35B派遣飛行隊が「いずも」に長期間派遣される際はかならず同行することになるだろう。

Ⅵ 「いずも」からのF-35B対地攻撃支援

防衛省は島嶼部に外国軍の侵攻があった場合、奪回する陸上自衛隊部隊に対してF-2戦闘機で近接航空支援を行う構想があり、今後は「いずも」に搭載するF-35BはF-2に代わって近接航空支援を行うことも想定できる。

F-35BのEOTSは地上部隊に対して、情報提供や攻撃目標の設定など空陸で連携した作戦にきわめて有効な装備となっており、特にアメリカ海兵隊MEUのACE（航空戦闘エレメント）F-35BとGCE（地上戦闘エレメント）の作戦ではもはや不可欠といっていい機能だ。強襲揚陸艦アメリカに搭載されたVMFA-121のRobert Reddy大尉は「EOTSを使ってリアルタイムで敵の状況を撮影し、地上部隊や艦船、あるいは上空の航空機にリアルタイムで情報をアップデートして提供できる。これによりブルー・グリーン・チーム（海軍と海兵隊チーム）の指揮官が判断して素早く行動を起こすことができる。MAGTAF（海兵航空地上任務部隊）が行うすべての任務に能力を発揮でき、特に地上のライフルマンにとっては有益な高い監視能力を提供できる」と話す。同じくアメリカに乗艦して演習に参加する31MEU軽武装偵察分遣隊を指揮するTaylor Kitasato中尉は、「上空のF-35Bから

リアルタイムで送られてくる偵察情報は最初に上陸する偵察部隊にとって生命線だ」と話す。これまで、軽装備の偵察部隊やスナイパーが手元のデバイスに送られてくる情報は母艦やFAC任務のヘリコプターや偵察型F/A-18Dが本隊を経由して送られてくるニア・リアルタイムか、それよりさらに遅い情報だった。これがF-35Bではリアルタイムで入手できることは前線の兵士にとって心強い。

F-35Bを使用した地上部隊GCEに対する支援でもっとも重要な対地攻撃を攻勢対空戦（OCA）といい、これには地上部隊の脅威となりそうな敵に対する攻撃の攻勢近接支援（OAS）や、地上部隊からのオーダーで指定された目標に対する攻撃の近接航空支援（CAS）といった対地攻撃支援が主任務。事前の偵察情報では明らかになっていなかった敵勢力は、GCEの行動に大きな影響を与えるため、OAS任務にアサインされたF-35BがGCEの上陸にあわせて上空で待機し、敵の出現にあわせて、指示された場所に攻撃を加える。さらに上陸開始の数時間後から数日後にGCEの脅威となりえる遠方の敵勢力に対して、事前に攻撃を加える深度航空支援（DAS）という任務もある。DAS任務はGCEと直接無線交信す

る必要はなく、事前に地上または艦上の戦術航空指揮センターTACCと調整して決められる。上空で任務を変更したり、ほかの任務を兼務しないので、DAS任務機はその日のDAS専任機としてアサインされることになる。OCA任務のひとつ敵防空網破壊（DEAD）の対象は対空機関砲陣地や対空ミサイル車両集積地だけでなく、敵航空基地も含まれるため、GCEが作戦を行う両用作戦エリア（AOA）区域よりさらに遠方まで攻撃に向かうこともある。F-35B配備以前はこうした敵の位置情報を獲得するための任務に偵察機能をもつF/A-18D（ATARS）や偵察機器を装備していないAV-8Bなどで行っていた。F/A-18Dが展開する飛行場から上陸作戦の場所が遠い場合はKC-130で空中給油が必要だが、展開先がない場合は強襲揚陸艦のAV-8Bしか対応できなかった。日本の場合も同じで地上基地から遠い場合、F-2の滞空時間は短くなり、作戦の柔軟性は狭められる。戦術偵察も専用装備がないためできない。「いずも」搭載のF-35Bはこの点でF-2より大きなアドバンテージがあるのだ。

207

一連の写真は護衛艦「ひゅうが」に陸上自衛隊西部方面航空隊のCH-47JAとAH-64Dを搭載したときの様子。スポット4でエンジンを始動するCH-47JA

発艦したCH-47JAの右舷窓から見た「ひゅうが」。設計時は最大重量のMH-53Eにあわせてあり、同機の退役によりCH-47JAがもっとも重量のある機体になっている

Ⅶ 「いずも」からのMV-22上陸支援作戦

　陸上自衛隊で水陸両用戦を担当する水陸機動団は「日本版海兵隊」とも呼ばれ、上陸部隊の基幹となる戦闘上陸大隊は「おおすみ」型輸送艦に搭載するAAV7水陸両用車とCH-47JAやMV-22で上陸する戦術を構想している。「おおすみ」型にはCH-47J/JA輸送ヘリコプターも2機搭載できるが、もともとのコンセプトでは航空機運用に重点を置いていない「おおすみ」型ではAAV7とのヘリボーンの両用戦は柔軟性が乏しいといえる。水陸機動団の両用戦能力を最大限に引きだすには、「いずも」型や「ひゅうが」型DDHを航空機プラットフォームとする方法がある。こうした上陸の基幹部隊を複数の艦に分散する方法は、アメリカ海兵隊

SECTION Ⅲ 「いずも」×統合運用 F-35B/MV-22

牽引車のトーバーをAH-60Dの尾輪につなげトーイングするシーン。牽引車の操縦は5分隊隊員だった

AH-64Dを格納した状態。ローターは広げたままなので、格納庫内で機体のすれ違いはできない

も同じだ。ワスプ級、アメリカ級強襲揚陸艦に加えて、サンアントニオ級ドック型輸送揚陸艦に航空機を搭載している。2013年の日米統合演習ドーンブリッツ2013では「ひゅうが」と「おおすみ」に陸上自衛隊の2機のAH-64E戦闘ヘリコプターと2機のCH-47JA輸送ヘリコプターを分散させて搭載し、「ひゅうが」にはSH-60Kも3機搭載していた。この演習ではアメリカ海兵隊のMV-22Bを使って搭載試験を行っている。その後、陸上自衛隊はAH-64E、AH-1S、OH-1の運用を廃止することを決めており、ドーンブリッツ2013で見せたような統合運用は「いずも」型で実現するのはないかもしれないが、MV-22やCH-47JAを搭載して、上陸支援することは想定しており、水陸機動団は毎年、「いずも」型の長期航海に乗艦しており、艦上における生活を慣熟し、また訓練環境を確認している。ただし、2023年まで航海ではMV-22やCH-47Jを載せていない。

209

中国海軍の空母に搭載されるJ-15戦闘機はウクライナが保有していたSu-33の試作型、T-10K-3を入手して完成させた。現在、AESAレーダーを搭載したJ-15B、電子攻撃機型のJ-17などのバリエーションがある

Ⅷ 喫緊の任務は対領空侵犯措置

　政府が「いずも」にF-35Bを搭載できるようにする方針を示したとき、島嶼防衛に効果があるとしたが、しかし、島嶼防衛よりもっと喫緊の課題がある。それは中国空母から発艦したJ-15戦闘機に対する対領空侵犯措置だ。

　中国海軍が3隻の空母を運用できるようになると、1隻は常に作戦航海に就くことができる。これは日本の対領空侵犯の対応に大きな影響を与えることになる。今現在の航空自衛隊の防空体制は、未確認航空機が防空識別圏（ADIZ）に接近すると最初に各地のレーダーサイトや早期警戒管制機が捉えることに始まる。続いて全国7カ所の基地からもっとも近い基地に配備されている戦闘機がスクランブル（緊急発進）し、上空で未確認航空機に接近してパイロットは目視で国籍、機種、機外搭載装備などを確認し、無線で領空に接近しないように相手機に伝えている。この体制は相手機がADIZに入る数100kmも手前からレーダーで見えているので、航空基地からスクランブルしても間に合うという前提にある。ところが、洋上の空母は航空自衛隊の対空レーダーでは探知できない。領土に接する基線から領海は約22km、その先の接続海域とEEZの境まではさらに約22kmなので、わずか50km程度の距離になる。ADIZの内側にある排他的経済水域（EEZ）の接続水域に近いところを航行する空母からJ-15戦闘機が発艦すれば、航空自衛隊の戦闘機がスクランブル発進するころには沿岸部の基地や重要施設を攻撃できる位置に到達できる。実際に攻撃しなくても連日のように接近し航空自衛隊戦闘機をおびき寄せる、いやがらせのような牽制から始めることになるだろう。

　領海内での外国軍艦艇の航行は無害通航権があり、その艦艇が軍事活動を行わなければ航行を受忍するしかない。その外側の接続水域も国際社会ではそれに準じている。しかし、EEZにおける軍事行動は各国で法解釈が異なり、アメリカはEEZ内における海洋法に軍艦の活動（訓練や演習など）を含むとしており、一方で日本はその「軍事行動」の解釈を明確に示していない。中国はそのあいまいさを突いてEEZ内で戦闘機を自由に飛ばしてくることが容易に想像できる。

　これを牽制するにはイージス艦や汎用護衛艦、哨戒機などによって中国空母の飛行甲板を監視し、J-15が飛行準備を始めた時点で「いずも」から航空自衛隊のF-35Bをスクランブル発進させる必要があると考えることができるのだ。

北京上空をフライバイするJ-10AとH-6U空中給油機。両機はプローブ＆ドローグ方式で給油する。日本に接近する多くの戦闘機はH-6Uの支援を受けているとされる

日本がいちばん恐れる空軍機は爆撃機のH-6K。空母キラーと呼ばれる射程2,500kmの長剣-10（CJ-10A）巡航ミサイルを搭載できる

大連で民衆が見守る中、進水式を控える空母「山東」(002)。初めての国産空母であり、「遼寧」よりはるかに機動性、航続性能が高い

空母「遼寧」はウクライナで製造されたソビエト時代の未完成空母を再生したもの。今後の練習空母的な役割があり、空母運用の基礎を検証する役割があるようだ。写真は香港に停泊中の「遼寧」

Ⅸ 統合「いずも」機動艦隊 VS 中国空母機動艦隊

　航空自衛隊F-35B戦闘機の部隊を乗せた統合「いずも」機動艦隊の相手はまぎれもなく中国の空母機動艦隊である。したがって、統合「いずも」機動艦隊の編成は相手の編成を上回る陣容でなければならない。中国の空母に搭載される装備は主力となる30機のJ-15戦闘機。J-15はSu-33戦闘機を発展させた第4世代マルチロール機で、30機あれば対地攻撃任務と護衛任務のJ-15による複数の編隊からなるパッケージ・フライト（爆撃編隊）を編成できる。「いずも」搭載のF-35Bは第5世代戦闘機であるが、相手パッケージ・フライトのうち爆撃任務機を、護衛任務機の迎撃を回避しながらすべて撃滅させるか、ミッションが継続できなく

SECTION III 「いずも」×統合運用 F-35B/MV-22

052D型駆逐艦はフェーズドアレイレーダーを備えた防空艦。HHQ-9対空ミサイルやYJ-18巡航ミサイルを64セルのVLSに装填している。写真は同盟国パキスタン海軍と訓練を行う「貴陽」(119)

052C型駆逐艦は中国で初めて登場したフェーズドアレイレーダー搭載の高性能防空艦。HHQ-9A対空ミサイルを48セルのVLSに搭載するが、6隻のみが建造され、主力は052D型へと移行している

なる(アボートさせる)ほど護衛任務機を数多く撃墜させる必要があり、そのためには数的には相手の護衛任務機と同等以上のF-35Bが必要になる。そのため「いずも」には1個飛行隊に近い20機のF-35Bの数が必要になってくる計算だ。また、空母を護衛する052C型052D型駆逐艦、054A型フリゲートの数は、これまでの実績では5隻前後を空母に随伴させているが、12,000トンを超える055型駆逐艦の配備も始まり、いずれ米海軍の空母打撃群のように軽く10隻ぐらいの随伴艦を連ねてくるようになるだろう。

山東省古鎮口を出港する空母や随伴の艦艇は日本の情報衛星により出港の準備の様子から捉えることができるが、艦隊は出港すれば24時間もかからずに佐世保沖200kmくらいには到達できる。情報衛星によって早くからその陣容を把握することはできても、そこから統合「いずも」機動艦隊が編成され、中国空母機動艦隊の前に立ち塞ぐことは時間的にもできない。よって「いずも」を使った解決策としては「いずも」型2隻に

213

054A型フリゲートは、40隻が建造された中国海軍の主力フリゲート。排水量は「もがみ」型より少ない4,050tだが、VLSは32セルある。ディーゼル機関を採用し、最大速力27ktとされる。写真は「岳陽」(575)

沿岸警備を担当するとされる056型コルベット。満載排水量1,500で建造期間が短いため、すでに72隻が建造され、輸出型もある。写真は香港で空母「遼寧」と並ぶ「欽州」(597)

F-35B飛行隊を常時搭載し、東シナ海を常に警戒監視する体制を維持するしかない。アメリカ海軍が空母に空母航空団を搭載し、問題の起きそうな海域にローテーションで派遣する方法と同じだ。

しかし、空母をもつ海軍がいない中東などに展開するアメリカ海軍空母打撃群と異なり、「いずも」統合機動艦隊の相手は第4世代戦闘機を搭載する空母やVLSと多機能レーダーを装備する駆逐艦を有する近代的な海軍であり、アメリカ海軍の空母戦略とはまったく異なる。この先、中国が3つの艦隊に2隻ずつ空母を配置するようになると、常に日本周辺に1隻から2隻の空母を派遣できるようになる。

SECTION IV

JS Izumo & Kaga

海上自衛隊の「空母」計画
―「いずも」型誕生までの経緯

「くす」型護衛艦「きり」(PF 291)。海上自衛隊創設にあたりアメリカ海軍からタコマ級哨戒パトロール・フリゲートを18隻貸与された(写真:海上自衛隊)

I 保安庁警備隊時代からあった「空母計画」

　「いずも」の就役や空母化がニュースなどで報じられる際に「海自悲願の空母」などと枕詞のように使われることがあるが、この言い方は少し事情が異なるようだ。冷戦時代を知る元航空集団司令らに話を聞くと「当時、海上自衛隊は空母の保有を"悲願"していない」と明言するが、実際はどうだったのか。また、「ひゅうが」型や「いずも」型ヘリコプター護衛艦が就役すると、中国や韓国のニュースでは「日本では空母は憲法に違反する」とかならず記事に盛り込まれる。この2つのフレーズに触れながら、ここでは「いずも」型DDHが誕生するに至る、護衛艦の艦載機運用構想を振り返ってみたい。

　海上自衛隊が創設される前の保安庁警備隊では、装備艦艇をアメリカ海軍から供与としていたが、ここにパトロール・フリゲートなどの戦闘艦(警備隊の呼称では警備船)に加え、戦闘機を搭載する4隻の護衛空母の要望が組み込まれていた。つまり、保安庁警備隊では空母の運用を計画していたことになる。数年前まで世界屈指の空母運用国だっただけに、これは自然な流れであっただろう。護衛空母(CVE:Escort Carrier)というのは船団護衛を目的として建造された小型の空母のことで、ここでは1944年11月から1946年1月までに19隻が配備された、全長170m、満載排水量24,500トンのコメンスメント・ベイ級護衛空母のことを指していたとみられる。アメリカ側はこの要求を過大として、より小型の護衛空母(全長156m、満載排水量11,100トンのカサブランカ級護衛空母、もしくはそれより旧式で全長151m、満載排水量14,200トンのボーグ級護衛空母を指すものとみられる)を提案したが、この案に日本側は満足せず計画は流れ、保安庁警備隊時代の空母取得はなくなり、アメリカからタコマ級フリゲート18隻を「くす」型警備船として、LCS(L)Mark3型上陸支援艇50隻を「ゆり」型警備船として貸与された。両艦種ともまったく性格の異なる軍艦だが、保安庁警備隊は艦種を警備船と呼称している。

　保安庁警備隊は1954(昭和29)年7月に防衛庁海上自衛隊となり、「ゆり」型警備船は護衛艦、「くす」型警備船は警備艇に艦種を分類している。空母の導入については引き続き計画したが、部内で「空母は時期尚早」と結論され中断されたとされる。経済的な事情が理由とされ、コメンスメント・ベイ級くらいの護衛空母でも乗員は航空隊もあわせて約1,000人も必要になり、さらに航空隊の創設や航空機の導入も必要なため、予算や人員の確保が難しいとされたようだ。まずは砲艦の整備を最優先した

216

SECTION Ⅳ　海上自衛隊の「空母」計画 ─ 「いずも」型誕生までの経緯

「ゆり」型警備船「ひいらぎ」(LSSL-424)。海上自衛隊創設時は警備船として登録され、のちに警備艇に艦種を変更。もとはアメリカ海軍の上陸支援艇 (写真：海上自衛隊)

海上自衛隊はコメンスメント・ベイ級護衛空母を要望したが、アメリカ海軍が提案したのは満載排水量14,000クラスのボーグ級護衛空母だったとされる。写真はボーグ級護衛空母ブロックアイランド (CVE21) (写真：アメリカ海軍)

ということであろう。

　ところで、警備隊から海上自衛隊に組織が変わったことで艦種の呼称が警備船から護衛艦に変わったが、空母導入の検討の際には「空母」の名称はそのままだったとされる。実際に導入されていたら「空母」と呼称したかもしれない。Chapter0で示したとおり、護衛艦の本来の意味はフリゲート。警備隊時代の「くす」型警備船はアメリカ海軍での艦種はフリゲートだったため、護衛艦になったのだが、「くす」型のもとはフリゲートだったから護衛艦と称するアイデアがでたことは容易に想像できる。一方で護衛空母を導入したそのまま「護衛航空母艦」「護衛空母」と呼んだであろう。

　今日、韓国や中国のニュース記者には日本の憲法に空母保有を禁止していると思い込んで「空母保有禁止の日本」と記事にするが、筆者の知る韓国の軍事記者は「これは日本がフリゲートも、駆逐艦も、揚陸艦もひとまとめに護衛艦、輸送艦と称して戦闘艦の意味をそらしているからで、一般人だけでなくテレビ新聞の記者でさえ、日本は「ひゅうが」型、「いずも」型も空母の役割を隠匿し、憲法違反の言い逃れのため護衛艦と称していると思い込んでいる」と話す。日本国憲法にも、自衛隊法にも「空母保有禁止」の文言はない。

217

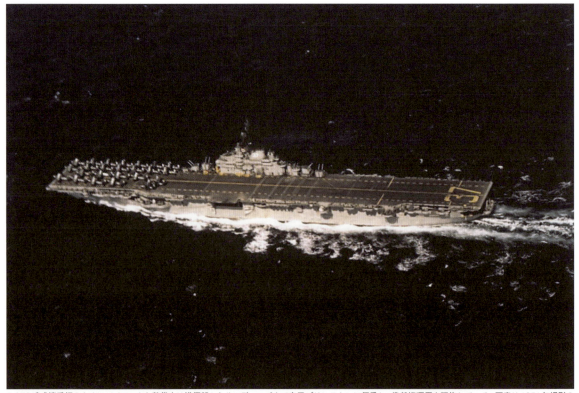

S-2FC哨戒機受領のためにパイロットと整備士は横須賀からサンディエゴまで空母プリンストンに便乗し、艦載機運用を研修している。写真は1951年撮影の空母プリンストン (CV 37) (写真：アメリカ海軍)

海上自衛隊が1957年から導入したS2F-1対潜哨戒機。空母搭載はかなわず、陸上運用となった
(写真：海上自衛隊)

Ⅱ 海上自衛隊の対潜空母構想

　アメリカ海軍は余剰するエセックス級空母に対潜ヘリコプターもしくは対潜哨戒機を多数機搭載し、対潜戦を継続する目的の空母として対潜空母 (CVS) をそろえていた。このコンセプトは日本の国防ドクトリンに合致していた。海上自衛隊が対潜空母を検討していたといえる事柄が1つある。

　1957年 (昭和32年) からS2F-1哨戒機をアメリカ海軍から供与され陸上航空基地に配備されることにな

SECTION Ⅳ 海上自衛隊の「空母」計画 ―「いずも」型誕生までの経緯

海上自衛隊は対潜空母構想に代え、3機の対潜哨戒ヘリコプターを搭載できる、「はるな」型DDHの取得を決定した。リムパック2006演習に参加する「はるな」型護衛艦「ひえい」

り、機体を受領するためにパイロットや整備員らが横須賀からサンディエゴに向かうアメリカ海軍対潜空母プリンストン（CVS 37）に便乗している。このとき参加した整備士の海曹はカメラが趣味で、プリンストンに持ち込んだ私物の6×7カメラで撮影している。退官後、民間の航空機使用事業会社の整備部に就職し、そこで4つ切りプリントされたさくさんのモノクロ写真を筆者に見せてくれた。そこにはプリンストン艦上でS2F-1に搭乗し発着艦を体験する幹部自衛官や、格納庫で艦載機の整備の研修を受ける海曹の姿が写っていた。元海曹は一枚一枚の写真を示しながら、筆者に「この研修では近い将来、海上自衛隊は対潜空母を保有すると聞いていた」と話した。

しかし、海上自衛隊はS2F-1導入後も部内でCVS建造は承認されなかった。アメリカ海軍のCVS運用はCVSを護衛するために多くの駆逐艦などを配した編成を採っており、当時の海上自衛隊の勢力ではとても対潜空母を守る水上戦闘艦に量も質もなかったといえた。一方で、当のアメリカでは対潜空母の搭載機の主力がHSS-2対潜ヘリコプターに移り変わっていった。これは潜水艦探知後の継続した追跡には固定翼対潜機よりヘリコプターのほうが有効であるとされたためであり、のちの日本の対潜戦ドクトリンに影響を与えている。

1962年度（昭和37年度）からの第2次防衛力整備計画の際には20機程度の対潜ヘリコプターを搭載できる11,000トン級の対潜空母の建造計画があったとされる。中曽根康弘国務大臣（当時）は1970年（昭和45年）の国会予算委員会で、対潜空母保有について見解した際に「対潜警戒のための空母はもちえる可能性をもっている。ただしそれは今ではない」と話している。そのころ、すでに第3次防衛力整備計画（三次防）を策定していた昭和30年代末にもCVSが机上には上がっていた。しかし三次防で導入が決まったのは従来の護衛艦を大型にしてヘリコプターを3機搭載できる「はるな」型ヘリコプター護衛艦（DDH）であった。その理由は母艦1隻に1個飛行隊の航空部隊を載せるのは母艦がやられると1個飛行隊が全滅する恐れがあり、DDHより小型の汎用護衛艦（DD）を随伴させて複数の護衛艦に分散したほうが安全で効率的で全体的に費用もかからないという理由であった。当時

219

DDHを守る汎用護衛艦として1990年まで使用された「あやなみ」型護衛艦。写真は「たかなみ」(DD 110)(写真：海上自衛隊)

ソビエトのTu-95爆撃機は飽和攻撃を示唆するようにひんぱんに空母ミッドウェイ(CV 41)に接近し、そのたびに搭載のF-4B(NF212)がインターセプトした(写真：アメリカ海軍)

はソビエト海軍・空軍の対艦ミサイルやその母機となる爆撃機の飛来に対抗できる対空ミサイルや近接防御能力はわずかで、飽和攻撃に対してはほぼ無力であったといえたため、母艦を分散させ、さらには個々の母艦も単独で対潜戦ができるようにしたほうが、攻撃と防御の面で有効と判断されたのは当然といえた。「はるな」型DDHが空母型ではなく、既存の水上戦闘艦型であったことは今から考察してもむしろ必然であったといえるだろう。

SECTION Ⅳ　海上自衛隊の「空母」計画 ―「いずも」型誕生までの経緯

「くらま」の飛行甲板の様子。「いずも」と比べれば狭いが、当時は汎用護衛艦と比べると十分に広い甲板であった

1996年から配備された「むらさめ」型汎用護衛艦は、SH-60Jを1機搭載。格納庫が広いため、DDで初めて最大2機積載が可能になった。写真は「ゆうだち」(DD 103)

221

世界で初めてハリアーを空母に搭載したのはスペイン海軍空母デダロ (R01)。飛行甲板は「おおすみ」型より8m長い168m。写真では4機のAV-8S、2機のAB212、1機のSH-3Dが見える（写真：アメリカ海軍）

Ⅲ ハリアー構想

「いずも」型にF-35B戦闘機が搭載されると、艦種は空母に変更されるかとの問いに、「いずも」のある艦長は「No」と答えた。その理由は明確だ。F-35Bは航空自衛隊のアセットであり、「いずも」の本質的な役割は哨戒ヘリコプターでシーレーンと商船、味方艦船を護衛する対潜戦であるからだ。

では海上自衛隊が戦闘機をもっていたら「空母」はありえたのか。艦艇開発隊では1985年には、洋上防空のために満載排水量15,000トン、10機程度のVTOL機を搭載する護衛用軽空母 (DDV) の構想をもっており、いくつかあった開発事業の1つの候補として挙がっていた。DDVという艦種は他国になく、VTOL固定翼機 (V) を搭載する護衛艦 (DD) という意味になる。またこのVTOL機はシーハリアーFRS.1攻撃機、AV-8A/Cハリアー攻撃機などのハリアーを想定しており、艦隊に接近するソビエト爆撃機に対処できるとされた。

しかし、当時ソビエトの最新爆撃機で、射程600kmのKh-22対艦ミサイルを搭載できるTu-22Mは航続距離、最高速度ともにシーハリアーを上回り、さらに、当時アメリカの空母戦闘群のようにタイコンデロガ級巡洋艦のSPY-1レーダーと、前進したE-2Cホークアイ早期警戒機のレーダーによる、爆撃機のアウトレンジでの接近探知ができないうえ、SM-2対空ミサイルとF-14戦闘機のAIM-54フェニックス対空ミサイルによる、敵の飽和攻撃の対処が困難であることが明らかであった。DDVによる洋上防空は不十分であり、導入の根拠が弱いことが明らかになり、防衛庁内局もDDVの導入には反対したという。その後、海上自衛隊はより確実な艦隊防空が可能なイージス艦の開発に進むことになる。今日、「いずも」型にF-35Bを搭載する1つの根拠とされる、陸上自衛隊が中心となって行う島嶼防衛に対する上空からの支援をするというアイデアが1980年代になかったのは、現在のような陸海空の統合作戦ができる体制がなかったことが挙げられよう。当時は統合幕僚会議があったが、三幕の調整だけで陸海空の統合作戦ができる仕組みではなく、指揮することもできなかった。DDVに搭載したハリアーで、輸送艦から上陸する陸上自衛隊を近接航空支援することは組織的に

SECTION Ⅳ　海上自衛隊の「空母」計画―「いずも」型誕生までの経緯

海上自衛隊でも哨戒機として導入できるか検討された「ハリアー」。アメリカ海兵隊が使用するAV-8A攻撃機は対地支援とエリア防空の任務があった
(写真:アメリカ海兵隊)

イギリス海軍は艦隊防空と対艦攻撃用にシーハリアーFRS.1を導入しインヴィンシブル級空母3隻に搭載した。写真は1992年東京を訪問したインヴィンシブルに搭載されたFRS.1

223

アメリカ海兵隊はAV-8A/Cの発展型であるAV-8BハリアーIIを開発。全天候作戦が可能になり、兵器搭載量も増加。そのころ海上自衛隊ではすでに「ハリアー空母」の計画はなくなっていた

統合幕僚会議時代の1998年に初めて行われた統合演習は「こんごう」が参加する海上自衛隊が主力となる演習ではあったが、シナリオや指揮統制に陸海空の統合作戦的な要素は少ないといえた。写真は同演習で硫黄島基地をタキシング中のF-4EJ改

も、能力的にもなく、アイデアとして挙がらなかったのだろう。ましてや海上自衛隊に代わって航空自衛隊がハリアーを導入し、DDVに載せると いったアイデアは当時の防衛庁内でまとめることができなかったのであろう。ちなみに統合運用で陸海空を一体化できるようになった統合幕僚 幹部が創設されたのは2006年からである。

SECTION Ⅳ　海上自衛隊の「空母」計画 ―「いずも」型誕生までの経緯

イタリア海軍ヘリコプター巡洋艦ヴィットリオ・ヴェネト（C 550）。AB212対潜ヘリコプターなら9機、SH-3D対潜ヘリコプターであれば6機を搭載できた（写真：イタリア海軍）

Ⅳ DDH概念の確立

　当時の海上自衛隊がCVSの採用ではなくDDHを採用したのは母艦も搭載兵器だけで、対潜戦と対空戦、対水上戦が可能である駆逐艦型の戦闘艦となり、さらに3機程度の対潜ヘリコプターを搭載し、随伴する汎用護衛艦にも1機から2機の対潜ヘリコプターを派遣することで、敵の対艦ミサイル飽和攻撃のリスクを分散できたことも1つの理由とされる。

　こうした判断は日本にかぎったことではなく、日本同様に艦載の対潜ヘリコプターで対潜能力を高めようとしていたイタリア海軍もアンドレア・ドーリア級ヘリコプター巡洋艦（シーキング4機搭載）や、ヘリコプター巡洋艦ヴィットリオ・ヴェネト（シーキング6機搭載）を採用し、カナダ国防軍はイロコイ級ヘリコプター駆逐艦（シーキング2機搭載）を建造している。特にイロコイ級の飛行甲板に装備された「ベア・トラップ」と呼ばれる着艦拘束移送装置（RAST）は、艦が動揺する荒天時に飛行甲板上のRASTからワイヤーでつなげた着艦機を牽引しながら着艦させることができ、空母のような広い甲板でなくとも着艦機を安全に降ろすことができる画期的な装備。日本はこのRASTをヘリコプター搭載護衛艦DDHの「はるな」型に採用するに至った。RASTの採用により、

対潜空母ほどではないが、3機のHSS-2で一定程度の荒れた海でも継続的な対潜戦を可能とした。

　続く第4次防衛力整備計画（4次防）では対潜ヘリコプターを6機搭載する8,000トン級の大型ヘリコプター護衛艦（DLH）の予算化が進んだ。4次防の前の昭和46年の予算委員会で、のちの防衛庁長官となる中曽根康弘国務大臣はすでにヘリコプター6機搭載8,000トン級DLH計画を明らかにしており、長官に就任すると「中曽根防衛計画」と呼ばれるほどDLH配備を推していた。DLHはヘリコプター搭載型嚮導駆逐艦を意味する艦種記号で、嚮導とは司令

JS Izumo & Kaga

カナダ海軍は1957年、サンローラン級護衛駆逐艦DDEに、新開発のベアトラップを搭載することで、艦種をヘリコプター搭載護衛艦と初めてDDHの記号を名乗った。同艦は1機搭載だったが、カナダ海軍イロコイ級駆逐艦は初めて2機搭載DDHとなる。写真はイロコイ級DDHアルゴンキン（D 283）

HSS-2Bは機体下面前方にベアトラップ急速拘束装置に接続するメインプローブと、飛行甲板後方にある溝に差し込むことでテールの揺れを防ぐ、機体下面後方のテールプローブが備わる。写真はカナダ海軍CH-124シーキングの両プローブの接続がよくわかるシー

部機能がある大型艦で「リーダー」「導く」という意味だ。しかし、第4次中東戦争を起因とするオイルショックなどで防衛予算が確保できず、DLHの取得は見送られることになり、その代わりに認められたのが「はるな」型と同じ艦種記号DDHをもつ「しらね」型ヘリコプター護衛艦2隻であった。

1980（昭和55）年に1番艦「しらね」、1981（昭和56）年、2番艦の「くらま」の配備で各護衛隊群に1隻ずつのDDHが備わり、各護衛隊群にDDH1隻とDD5隻をあわせた護衛艦8隻ヘリコプター8機の体制が完成。継続して潜水艦を警戒監視できる

「八八艦隊」と呼ばれる体制が整った。艦上での整備時間を鑑みヘリコプターの稼働率を65％から70％に維持することで、常時4機の任務機と1機の予備機で敵潜水艦に対処できることになる。ただし、ソビエト水上戦闘艦が通峡する海峡での警戒監視活動では常に8隻が対応するわけでは

SECTION IV　海上自衛隊の「空母」計画 ―「いずも」型誕生までの経緯

海上自衛隊は自前の空母は防空能力の欠如から守り切れないとして、DDHに3機、4隻のDDに1機のHSを乗せ1隻のDDGと各個艦で対空防御を行う「八隻八機」体制、いわゆる「八八艦隊」として艦載機を分散した。写真はDD「せとゆき」(DD 131)

世界で2カ国目となったDDH採用国の日本は、1980年に最大3機の対潜ヘリコプターを搭載できた「しらね」型護衛艦を配備した。写真は「くらま」(DDH144)

なく、1個護衛隊群の8隻がそろうのは訓練など、練度を高める航海や演習などを行うときに艦隊で行動する際に編成されていた。いわゆる「八八艦隊」は1個護衛隊群を有事に備え即応できる部隊であったといえた。また「くらま」が就役したころには早くも護衛艦隊群の増設計画が持ち上

がっており、既存の護衛隊群と同じ編成の護衛隊群をもう1つ増設する5個護衛隊群構想や、所属艦の隻数を減らした6個または7個護衛隊群構想などさまざまな構想があった。特に昭和56年の防衛計画大綱の作成では、5個護衛隊群を編成し、そのうちの2個護衛隊群を即応体制に置いて

おくという構想があったが、最後の段階で、大蔵省の意向で実現しなかった。この計画では「しらね」型の3番艦、もしくはかつてのDLH構想のような、さらに大型のDDHの開発を想定していたようだ。

227

「はたかぜ」型ミサイル護衛艦はSM-1対空ミサイルを搭載し、海上自衛隊の艦隊防空を向上させたが、アメリカではすでにイージス武器システムの採用が始まっていた。写真は「はたかぜ」(DDG 171)

V 空母を守るイージス防空艦の登場

　DDHとDD搭載のヘリコプターが連携しながら長時間にわたって継続した探知と警戒監視を行い、探知した潜水艦を上空から発射する魚雷や艦上から発射するアスロック対潜ロケットで攻撃できるハンター＆キラーの戦術は日本の対潜戦のもっとも得意とする戦術になったが、一方で依然としてDDHを守るミサイル護衛艦のターター対空ミサイルとシースパロー対空ミサイル、5インチ速射砲が命綱の艦隊防空ではソビエト爆撃機の対艦ミサイル飽和攻撃に対する対空戦ではかなわない状況ではあった。

　この状況が一変したのが1993年に就役したイージス武器システムを搭載した「こんごう」型ミサイル護衛艦(DDG)の登場である。4隻を配備したことで艦隊の防空体制は格段に向上し、かつて懸念されていた「対潜空母の弱点」が克服される見通しとなってきた。

　アメリカ海軍が開発したイージス武器システムは、システムを搭載した巡洋艦や駆逐艦が、ソビエト爆撃機による対艦ミサイルの飽和攻撃からハイバリュー・ウェポンである空母を守るというのがコンセプト。まさにかつて海上自衛隊が対潜空母の導入を断念していた理由の1つである「敵の対艦ミサイル襲来で1個飛行隊が全滅」という事態を避けることができるようになった。

　「はるな」型の後継艦に全通甲板を採用した全長195mの「ひゅうが」型ヘリコプター護衛艦を採用したのは、有事の際はイージス艦が「ひゅうが」型を護衛することで、敵の対艦ミサイル飽和攻撃に対処できると判断できたからである。

　「はるな」型「しらね」型でヘリコプターを3機搭載できたとはいえ、飛行甲板の発着艦スポットは1カ所。1機が発着艦スポットを占有していると、着艦機はスポット上の発艦機が発艦するまで待たなければならないし、発艦機とは別の任務にアサインされた機体はスポット上の発艦機が発艦するまで飛行甲板上で待機することになる。整備や機能確認で

SECTION Ⅳ　　海上自衛隊の「空母」計画―「いずも」型誕生までの経緯

空母艦隊を防空するために開発されたイージス武器システムを初めて搭載した戦闘艦となったタイコンデロガ級巡洋艦。写真はプリンストン(CG 59)

イージス武器システムを搭載する「こんごう」型ミサイル護衛艦の登場で、艦隊防空はアメリカ海軍と同等の水準をもつようになった。写真は「こんごう」

ローターを回して長時間発着艦スポットを占有することもあり、実はこうした理由などで後年の「はるな」型「しらね」型は3機搭載の機会が極端に減ったと、当時「しらね」を配備していた第1護衛隊群や搭載機の第21航空隊の幹部が語っている。

「はるな」型「しらね」型に対して発着艦スポットを4個もつ「ひゅうが」型は船体が大きいため発着艦機が波浪に影響を受けにくい。また全通甲板のため連続発着艦や同時発着

229

「こんごう」型ミサイル護衛艦「きりしま」(DDG 174)からのSM-2対空ミサイル発射

「きりしま」の後部甲板Mk.41VLSから発射されるSM-2対空ミサイル

艦が可能になった。もう1つ大きく変わったのが、DDHにおける対潜戦のドクトリン。かつてのDDHは搭載ヘリコプターを艦載システムの1つとしており、いわば艦中心の対潜戦にヘリコプターをシステムの1つとした概念であった。いまだに搭載する哨戒ヘリコプターをHS(ヘリ・システム)と呼んでいるのはその名残である。「ひゅうが」型の配備以降、DDH、もしくはDDHとDDの連携による対潜戦は、ヘリコプターの運用を中心とした戦術になっている。さらに「ひゅうが」型では、ほぼ1個飛行隊丸々載せることも可能になった。1個飛行隊を空母に搭載するアメリカの空母打撃群の対潜戦のよう

SECTION IV 　海上自衛隊の「空母」計画 ― 「いずも」型誕生までの経緯

リムパック2008演習で空母キティホーク（CV 63）を直衛する護衛艦「きりしま」

空母打撃群に最大の脅威である敵潜水艦を探知するために空母と随伴する水上艦には哨戒ヘリコプターを搭載。空母は自前でもヘリコプターからの対潜戦を行える体制を採っている。写真は空母ジョージ・ワシントンに搭載されるMH-60R（奥の2機）とMH-60S

に、空母搭載のMH-60R哨戒ヘリコプターを中心とした連続的な索敵、随伴する水上戦闘艦と搭載MH-60Rによる攻撃する戦術ができる。艦隊に敵潜水艦を接近させない戦術がより強固になり、その結果、空母が本来の役割である打撃戦に集中できるようなる。海上自衛隊も同じように護衛艦隊はシーレーンの防衛や海域の警戒監視、商船の警護など本来の目的に集中することができるということだ。

231

海上自衛隊が初めて採用した全通甲板艦「おおすみ」型輸送艦。写真は「くにさき」。航空機着艦のため誘導員が飛行甲板で位置についている

「おおすみ」型輸送艦「しもきた」から発艦するLCAC。飛行甲板にはCH-47JAが駐機している

Ⅵ 全通甲板を採用した「おおすみ」型輸送艦

　海上自衛隊には「ひゅうが」型、「いずも」型のほかにも全通甲板をもつ艦がある。揚陸作戦の部隊輸送用の揚陸艦として1998（平成10）年に就役した輸送艦「おおすみ」は、海上自衛隊初の全通甲板の大型艦となった。就役当初はその外観から「空母のようだ」としてメディアにも紹介され、国会でも野党が「空母に改造できる」「ミニ空母」などと発言し、それほど当時はインパクトがあった。

　輸送艦を名乗るが、艦種記号は輸送艦を意味する「AK」ではなく、海上自衛隊が使ってきた戦車揚陸艦を意味する「LST」を踏襲している。ただし米軍のLSTと異なり、むしろドック型揚陸艦LSD（Landing Ship Dock）に近い運用方法を採る。LSD

SECTION IV 海上自衛隊の「空母」計画 ― 「いずも」型誕生までの経緯

「おおすみ」型輸送艦はエアクッション揚陸艇を搭載し、洋上からビーチに車両や人員を輸送できる

艦齢が進む「おおすみ」型輸送艦の後継に国内造船メーカー各社は次期輸送艦として防衛省にコンセプトを提案している。各社が提案した案では「おおすみ」型と異なり全通甲板をすべて飛行甲板としている。イタリアなどが空母の予備艦としてハリアーやF-35Bを運用している折、日本も同様のコンセプトをもつことができるといえる（イラスト：JMU）

の特徴であるドックには海上自衛隊が初めて運用するエアクッション型揚陸艇（LCAC）を2艇搭載し、戦車や車両をLCACに搭載し洋上から砂浜に部隊を着上陸させることができる。また、飛行甲板にはCH-47J大型輸送ヘリコプターを2機搭載できるため、空水一体の両用戦を可能にした。「おおすみ」型の上甲板は空母のような全通式であるが、飛行甲板として発着艦できるのは甲板が強化された艦尾側の2カ所の発着艦スポットのみ。ただしトーイングによって機体を艦首側に移動し駐機はできる。また、就役直後に検証のため6機のSH-60Jを搭載する試験を行っているが、「おおすみ」の本質的な役割は陸上自衛隊部隊の輸送であり、「おおすみ」を対潜戦のためのプラットフォームとすることはできない。

陸上自衛隊が進める島嶼防衛には不可欠といわれる「おおすみ」型であるが、すでに艦齢が進み、後継艦が必要な時期にきている。世界的に見れば、各国の海軍では揚陸艦コンセプトは、より多目的に使える多用途輸送艦にシフトしており、空水一体の揚陸作戦だけでなく、車両輸送や、災害派遣、さらには空母保有国では空母を補佐する役割など多様な目的を想定した全通甲板艦が増えてきた。海上自衛隊も「おおすみ」型の後継として次期輸送艦の検討時期に入っており、すでにジャパン・マリン・ユナイテッド（JMU）と、三井E＆S造船（MES）は強襲揚陸艦のような艦容の輸送艦を提案しており、そのコンセプトは、各国が採用する多用途輸送艦、多目的輸送艦のような構想している。特に、JMUの提案では「いずも」型をベースにした設計となっているようだ。

サンアントニオ級ドック型輸送揚陸艦は、LHD/LHAの航空作戦支援艦として役割があり、LHD/LHAにMV-22CとF-35Bを残し、AH-1Z、UH-1Yをサンアントニオ級から運用する。写真は飛行甲板に着艦するアメリカ陸軍のUH-60L。単艦でヘリコプター母艦とする役割もある

強襲揚陸艦ボノムリシャールとの長期派遣の準備のため、サンアントニオ級ドック型輸送揚陸艦グリーンベイ（LPD 20）の飛行甲板には4機のAH-1Z、2機のUH-1Yが駐機している

VII 強襲揚陸艦は空母なのか、ヘリ空母は空母なのか？
— 各国が採用したヘリコプター・キャリアー

　空母の定義と並んで、洋を問わず「強襲揚陸艦は空母なのか？」は空母の話題によく挙げられる。現在の空母保有国で法的に「空母の定義」を明文化しているのはアメリカ海軍だけで、立法は第二次世界大戦以前のものだ。当時は全通甲板ではない「水上機母艦」も空母に含めていたので、これに従うと当時は存在しなかった強襲揚陸艦やヘリコプター空母も、空母に分類することができる。よって、この解釈に当てはめれば、世界の空母保有国7カ国（アメリカ、イギリス、フランス、イタリア、インド、ロシア、中国）と、間もなく固定翼機を搭載する日本に加え、ヘリコプターを載せる強襲揚陸艦やヘリコプター空母の類をもつオーストラリア、スペイン、ブラジル、エジプト、韓国、トルコが加わり、さらに空母からヘリコプター空母に艦種変更しているタイを含めて、15カ国となる。トルコの強襲揚陸艦アナドゥルはバイラクタルTB2無人攻撃機を乗せる

アメリカ海軍はワスプ級とアメリカ級の2艦種の強襲揚陸艦を装備する。写真はワスプ級強襲揚陸艦ボノムリシャール (LHD 6)

ので世界初の「無人機航空母艦」に分類できるかもしれない。「いずも」型にF-35Bを乗せるころには世界で15カ国が空母や空母に類する航空機母艦を装備していることになる。さらに導入時期は確定していないが、シンガポールも「ヘリ空母」の導入

が期待される国だ。

　ハリアー攻撃機を最初に艦上運用したのはスペインだ。1972年にはAV-8Sを木製デッキの空母デダロで試験を始め、その後運用に至っている。アメリカは1974年からAV-8Aを揚陸艦グアムで試験を始めている。

攻撃機とヘリコプターを乗せた揚陸艦の両用戦術は、現在ではアメリカ海兵隊の核心的な戦術となっており、アメリカ海兵隊は現在ではF-35Bをワスプ級とアメリカ級強襲揚陸艦 (LHD/LHA) に搭載し、戦術によってはヘリコプターを搭載せず、F-35B

スペイン海軍強襲揚陸艦ファンカルロスⅠ (L61)。EAV-8BハリアーⅡ攻撃機を搭載でき、2013年に空母プリンシペ・デ・アストゥリアス (R11) が退役するまでは代替え空母としての役割があった (写真:スペイン海軍)

オーストラリア海軍アデレード級強襲揚陸艦アデレード(L01)。同海軍はF-35Bを装備していないが、他国のF-35B搭載など将来の拡張のために建造当初から艦首勾配やトラム・ラインなど固定翼搭載に必要な装備が備わっている

フランス海軍が2006年から3隻を配備したミストラル級強襲揚陸艦。写真は(L9015)。16機のヘリコプターを搭載できる

のみを搭載する空母的な運用も行われている。こうした運用は、固定翼機搭載＝空母という概念を払拭し、その区分概念を意味のない論争にしたといえる。

スペインでもLHDとして分類しているファンカルロスⅠ(L-61)は、正式な艦種を水陸両用空母(Buque anfibio portaeronaves)と呼んでいる。AV-8B攻撃機を搭載した空母プリンシペ・デ・アストゥリアス(R11)の代替艦だけでなく、ウェル ドックを備えた揚陸艦としての機能も持ち合わせる多目的艦というコンセプトで設計された。設計と建造したナヴァンティア社は各国にセールスし、両用戦能力の向上を図っていたオーストラリアもアデレード級強襲揚陸艦としてライセンス生産で2隻を建造している。オーストラリアはF-35B導入の予定はないが、艦首傾斜ランプと滑走用のトラム・ラインのマーキングが描かれている。トルコも同型艦をライセンス生産し、 強襲揚陸艦アナドゥルとしている。アナドゥルには攻撃ヘリコプターだけでなく、無人攻撃機バイラクタルTB2を搭載予定だ。

ヨーロッパを代表するもう1つのLHDは2006年から3隻が配備されたフランスのミストラル級水陸両用ヘリコプター空母(porté-helicoptrés amphibies)がある。固定翼機運用を想定していないコンセプトのため艦首は傾斜がなく、満載排水量は21,500トン、全長199mとファンカル

SECTION Ⅳ　海上自衛隊の「空母」計画 ―「いずも」型誕生までの経緯

エジプト海軍ガマール・アブドゥル＝ナーセル(L1010)は、引き渡し中止になったロシア海軍向けミストラル級をエジプトが取得した艦。Ka-52K攻撃ヘリコプターなどを搭載し、将来は固定翼無人機の運用も想定している(写真：エジプト海軍)

トルコ海軍が2023年に配備した強襲揚陸艦アナドル(L400)は、ファンカルロスⅠをベースにナヴァンティア社と協力して完成。バイラクタルTB3無人機を30機以上搭載する無人機空母の仕様も想定している(写真：アメリカ海軍)

イタリア海軍が2024年にも就役させる計画の強襲揚陸艦トリエステ(L9890)の予想図。満載排水量33,000t。全長213m。9機のヘリコプターを搭載予定(イラスト：イタリア海軍)

ロスⅠ級より小さい。2011年にロシアへ2隻の輸出が決まったものの、2014年のウクライナ侵攻の問題により輸出は中止、この2隻はエジプトがヘリコプター空母としてガマル・アブドゥル・ナセル(L-1010)、アンワル・サダト(L-1020)として購入し、アラブ圏初の「空母」となった。一方、ミストラル級を導入できなかったロシアは全通甲板方式の揚陸艦として、プロィエクト23900級汎用揚陸艦イワンロゴフ、ミトロファン・モスカレンコの2隻を2026年の就役を目指して建造中である。満載排水量は4万トン、全長220メートルとし

237

ブラジル海軍多目的航空拠点艦アトランティコ（A140）は、元イギリス海軍ヘリコプター揚陸艦オーシャン（L12）（写真：ブラジル海軍）

ており、16機のヘリコプターを搭載する。イタリアでは2023年に強襲揚陸艦トリエステ（L9890）が就役する予定だ。同国の空母カブールがドックイン中は空母として運用することをコンセプトに組み込んだ強襲揚陸艦で、カブールよりほんのわずかに大きい満載排水量33,000トン、全長245メートル。同艦の就役により、1985年配備の空母ジュゼッペ・ガリバルディは退役する予定となり、空母の後継艦として強襲揚陸艦を選定したことになる。同様に空母の後継に強襲揚陸艦を選んだ例として、ブラジルが2017年に空母サンパウロ（A12）の後継にイギリス海軍ヘリコプター揚陸艦オーシャン（L12）を購入し、多目的航空拠点艦アトランティコ（A140）として2018年から運用している。これまで空母に乗せてきたA-4攻撃機（AF-1）は搭載しないが、艦種記号を揚陸艦の「L」ではなく、空母を意味する「A」にこだわるところが半世紀以上も空母を運用した誇りを示しているようにみえる。

日本海軍以来のアジアの空母保有国となったタイは、AV-8S攻撃機のリタイアにより空母チャクリナルエヴェト（CV911）を2006年にヘリコプター空母（CVH）に艦種変更して以降、後継艦の計画は表立っていない。韓国は2隻のドクド型強襲揚陸艦を建造し、さらにドクド級を発展させた空母の建造も承認されている。中国の075型強襲揚陸艦は予定する8隻の内、1番艦「海南」(31)が2021年4月に就役し、中国初の全通甲板式揚陸艦となった。アメリカのワスプ級とほぼ同じサイズだが、STOVL機をもっていない中国は075型に無人攻撃機を搭載することで、米海兵隊のような近接航空支援作戦を行おうとしている。

半世紀以上の空母運用実績があるインドは、強襲揚陸艦を4隻調達する計画があり、すでに国内外のメーカーに情報を請求している。要望では全長200メートルの全通甲板を理想とし、ヘリコプター14機と固定翼無人攻撃・偵察機を搭載できるとしている。これまでのインドのケースを鑑みると国内建造には時間がかかるため、就役の見通しはまったく不透明だ。一方で2014年にシンガポールのSTエンジニアリングは各国にエンデュランス140/160級と呼ばれる全通甲板式の揚陸艦を提案しており、インドを含む、いくつかの東南アジア諸国が興味を示しているとされる。本国シンガポールは導入については公式見解はまだないが、すでに20年が経過したエンデュランス級の後継艦については検討時期にきているはずで、同空軍はF-35B取得の可能性があるだけに、搭載を前提にしているかもしれない。

使用目的が限定的な空母と違って、ヘリコプター搭載以外にもRORO機能やドック機能など車両や小型艇の収容力が高い揚陸艦は、そのまま災害派遣・人道支援（HA/DR）や非戦闘員退避作戦（NEO）などの戦争以外の軍事作戦（MOOTW）に投入できる。維持費が高い大型艦である故にこれまで予算や民意の影響でヘリコプター空母や強襲揚陸艦を保有してこなかった国が、「多用途艦」「多目的艦」などと名を変えて導入のハー

SECTION IV　海上自衛隊の「空母」計画―「いずも」型誕生までの経緯

就役当初はAV-8Sハリアーを搭載していたタイ海軍チャクリナルエヴェト（CV911）はAV-8Sのリタイアにより、艦種をヘリコプター空母CVHに変更した

中国海軍075型強襲揚陸艦は2021年から配備されている中国初の全通甲板式の揚陸艦。約30機のヘリコプターを搭載する。8隻を計画しており、その後無人機用カタパルトを装備した075型をベースとした076型強襲揚陸艦も計画している（写真：中国新聞社）

独島級強襲揚陸艦は韓国初の全通甲板艦。2007年から3隻を配備する計画だが、2021年に写真の馬羅島（LPH6112）が就役して以降は建造の情報がなく、次級として空母の建造に移行するとされる

ドルを下げて導入を進めているのは、外洋進出だけでなく、MOOTWなど軍民ともに海軍の役割の認識の変化があるというのも1つの理由といえる。エジプトやトルコといった国が導入を始めて、またアルゼンチンやカタールが将来ヘリコプター空母の入門版となる全通甲板の小型揚陸艦の導入を進めており、こうした例は今後のヘリコプター空母の世界的な拡散を示しているといえるだろう。

239

2015年、「いずも」は初めて観艦式に参加。受閲艦隊第3群として受閲艦隊の旗艦「あたご」、第1群「しまかぜ」、「おおなみ」、第2群「きりさめ」、「さみだれ」の次に位置した。写真は第1回予行の様子で、公募で当選した一般来艦者が、見学する様子。「いずも」は単従陣で「さみだれ」に続き、左舷側を観閲艦「くらま」、随伴艦「うらが」と続く。また、右舷側には観閲付属部隊の「こんごう」、「きりしま」などが反航してくるのが見える。「いずも」「かが」は観艦式以外でも一般公開が行われるので、ぜひ足を運んで、日本国の最大艦であり、各国海軍にも引けを取らない「いずも」「かが」を実感し、凛々しい乗員と会話してほしい

2015年10月17日、横浜港で日没時刻まで一般公開された「いずも」では飛行甲板と
上部構造物のすべての航空関連灯火が点灯された。上部構造物の白い航空作業灯と
赤い上部構造照射灯の両方が点いているのはこうした機会だからだ

参考文献

『ジェイシップス』 イカロス出版 各号

『世界の艦船』 海人社 各号

『防衛用語辞典』 国書刊行会

『海上自衛隊旗章参考書』 海上自衛新聞社

『Jane's Fighting Ships 2024-2025』

Index

英数字	
12.7mmM2機関銃	126
3TD35	139
3トン牽引車	139
4番スポット	89
5番スポット	89
7.62mmMINIMI機関銃	127
八八艦隊	226
AAV7	54、82、208
ADIZ	210
AF-2S/W	149
AIMD	181、207
AIR BOSS	114、170
AOA	207
ASIST Mk6	172
AV-8A	222
AV-8C	222
C4I	112
CAP	202
CAS	202、207

CDS	154
CIC	112、205
CQB	137
DAS	207
DDH	104
DDV	222
DEAD	207
EEZ	83、142、210
EODMU	134
EOTS	197
F-35A	190
F-35B	80、190
F-35C	190
FIC	112、205
FONOP	75
HA/DR	238
HCDS	154
HOSTAC	179、185
HPI	94
HS	150、230

HSS-2	143
HSS-2B	150、154
HVBSS	134
J-15戦闘機	83
JPALS	84、201
LCAC	54
LHA 6	100
LM2500IEC	108
LSO	178
M20	140
MAD	146、166
MARSシステム	113
MCS	109
MH-60R	151
MOOTW	238
MTACCOPS	186
NATO MTACCOPS	179
NEO	238
OAS	207
OLS	201
P-25J	138
PIO	200
Pri-Fly	170
RAS	116
RAST	172、225
RHIB	134
RSD	172
SBU	134
SDIT	134
SH-60J哨戒ヘリコプター	152、154
SH-60K哨戒ヘリコプター	82、152、154、158
SH-60L哨戒ヘリコプター	162
SLAS	158
SP12CSN	139
STOVL	191
STT50	138
TBM-3S	146、149
TBM-3W	146、149
UNREP	116
VBSS	134
VDS	144

あ

アクティブ・ソナー	144、146、160
アクティブ・フェイズド・アレイ・アンテナ	162
アクティブ方式	144、146
アンテザード・ランディング	172
イージス防空艦	228
いずも Fes	120
ウェポンベイ	194
エアボス	170、205
エマージェンシー・ウェイブ・ライン	92
「おおすみ」型輸送艦	54、232

か

海上保安庁派遣操作隊	134
科員寝室	122
ガスタービンエンジン	108
可変深度ソナー	144
観閲艦	130
観艦式	130
艦載救難作業車	138
艦上航空機牽引車	138
艦上清掃用車両	140
艦長公室	122
甲板状況灯	98
甲板塗粧	186、200
機関制御監視記録装置	109
旗艦用司令部作戦室	205
キャット・ウォーク	105
強襲揚陸艦アメリカ	100
近接戦闘支援	202、207
空母「山東」	212
空母「遼寧」	212
空母化	6
「くす」型護衛艦	216
クリック・システム	162
クロスデッキ	184
警戒監視	168
光学式照準システム	197
光学式着艦装置	84、92、201
航空管制	114
航空管制室	66、94、97
航空機中間整備部門	181
航空中枢艦	142

航空用艤装	84
航行の自由作戦	74
高所作業車	139
攻勢近接支援	207
護衛艦	104
護衛用軽空母	222
「こんごう」型護衛艦	228

さ

災害派遣・人道支援	238
シーハリアー	222
シーレーン	231
ジェーン年鑑	104
支援管制官	114
磁気探知装置	146
シップライダー・プログラム	128
受閲艦	130
主飛行管制室	170
哨戒艦インディペンデンス	132
哨戒ヘリコプター	230
ショート・テイクオフ・ライン	89
ショート・テイクオフ・ローテーション・ライン	87、90、200
食事	119
「しらね」型護衛艦	144
司令部作戦室	112
深度航空支援	207
水陸機動団	136
水陸両用空母	236
スクランブル	210
スタンデッキ・ライト	99
ステルス性能	192
ストレート・イン・アプローチ	88
ストレート・イン・ランディング	86、200
ストレート・イン方式	84
スペシャル・インスペクション	181
セーフ・パーキング・ライン	91
赤外線監視カメラ	160
戦術情報処理装置	154
戦術情報処理表示装置	154
潜水艦	144
戦争以外の軍事作戦	238
船体	106

戦闘航空哨戒	202
戦闘指揮所	112、205
洗面台	124
操縦室兼応急指揮所	109
ソノブイ	146、156、164
ソノブイ・バリアー	164
ソノブイ・ランチャー	156

た

第1次特別改造	18
第2次特別改造	18
第4世代戦闘機	191
第5世代戦闘機	191
対水上戦	168
対潜空母アンティータム	143
対潜哨戒機	142
対潜戦	164
対領空侵犯措置	210
立入検査隊	134
立検隊	134
短距離離陸垂直着陸	191
談話室	124
着艦拘束移送装置	225
着艦支援設備	200
着艦誘導支援装置	158
チャフ・フレアディスペンサー	157
中間整備部門	207
中国空母機動艦隊	213
中国人民解放軍海軍	72
直	118
ディッピング・ソナー	156、162、164
適応制御ミリ波超高速通信システム	162
敵防空網突破	207
デザード・ランディング	172
デッキ・ステータス・ライン	98
デッキランチ	86
統合精密進入および着陸システム	84
特別警備隊	134
トラム・リッジ・ライン	88
トラム・ライン	86、88、200
ドロップ・ライト	98

な

ナイト・オペレーション	64
ノズル・ローテーション・ライン	88、90、200

は

ハープーン対艦ミサイル	152
排他的経済水域	83、142、210
ハイドロフォン	144
パイロット・インデュースト・オシレーション	200
バウ・ライン	87、90、200
爆撃編隊	212
バックス・ファー	184
パッケージ・フライト	212
パッシブ方式	144、146
パッセンジャー・トランスファー	184
ハリアー	222
ハンター＆キラー	149
ビエンチャン・ビジョン	128
飛行甲板	199
飛行長	205
非戦闘員退避作戦	238
「ひゅうが」型護衛艦	42、150
ファウル・ライン	87、91
フェーズ・インスペクション	203
フェーズ・メンテナンス・インスペクション	181
フォークリフト	140
フォース・プロテクション	126
複合艇	134
プライマリー・ランディング・スポット	201
フリーデッキ・ランディング	64、172、178
ベア・トラップ	225
ヘッドマウントディスプレイ	197
ヘリ・システム	230
ヘリ空母	77
ヘリコプター・オペレーション標準	185
ヘリコプター・キャリア	30、142、150、234
ヘリコプター・システム	150
ヘリコプター空母	30
ヘリコプター牽引装置	140
ヘリコプター搭載護衛艦	104
ヘリコプター母艦	76
ヘルファイア対艦ミサイル	168
防空識別圏	210
ホールダウン・ケーブル	174
ホバー・ポジション・インディケーター	84、94

ま

マーカー投下機	156
マーキング	186
マスト	68
マルチスタティック・ソナーシステム	162
ミサイル警戒装置	157
ミストラル級水陸両用ヘリコプター空母	236
メッセンジャー・ケーブル	174

や

「ゆり」型警備船	216
洋上哨戒機	142
洋上補給	116
浴室	124

ら

陸上自衛隊水陸機動団	136
両面作戦エリア区域	207
列線整備員待機室	67
ロッキード・マーチン	190

わ

ワスプ級強襲揚陸艦	85

【著者紹介】

柿谷 哲也（かきたに てつや）

1966年、神奈川県横浜市生まれ。1990年から航空機使用事業で航空写真担当。1997年から各国軍を取材するフリーランスの写真記者・航空写真家。日本写真家協会（JPS）会員、日本航空写真家協会（JAAP）会員。日本航空ジャーナリスト協会会員。著書は『イージス艦』『全123か国これが世界の海軍力だ！』（笠倉出版社）、『知られざる空母の秘密』『知られざる潜水艦の秘密』『海上保安庁「装備」のすべて』（SBクリエイティブ）など多数。

【イラスト】おぐし篤

海上自衛隊「空母」いずも&かがマニアックス

発行日	2024年10月5日　第1版第1刷
著　者	柿谷 哲也

発行者	斉藤 和邦
発行所	株式会社 秀和システム
	〒135-0016
	東京都江東区東陽2-4-2　新宮ビル2F
	Tel 03-6264-3105（販売）Fax 03-6264-3094
印刷所	株式会社シナノ　　　　　Printed in Japan

ISBN978-4-7980-6644-8 C0031

定価はカバーに表示してあります。
乱丁本・落丁本はお取りかえいたします。
本書に関するご質問については、ご質問の内容と住所、氏名、電話番号を明記のうえ、当社編集部宛FAXまたは書面にてお送りください。お電話によるご質問は受け付けておりませんのであらかじめご了承ください。